金红杏坐果状

金香杏果实

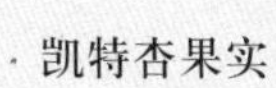

凯特杏果实

金太阳杏果实

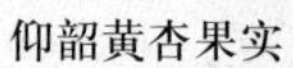

仰韶黄杏果实

兰州大接杏果实

内 容 提 要

本书由中国农业科学院郑州果树研究所冯义彬研究员等编著。主要介绍杏标准化生产的意义、杏的生态条件及标准化生产可供选择的优良品种与砧木，杏苗木标准化繁育，杏标准化建园，杏园土肥水标准化管理，杏树标准化整形修剪与花果管理，杏病虫草害标准化防治及自然灾害的防御，杏的标准化采收、处理与贮运，以及把握与落实杏果的安全质量标准等知识与技术。全书内容丰富系统，技术先进实用，标准具体明确，语言通俗易懂，便于掌握和操作。可供广大果农、果树技术人员及农林院校有关专业师生学习和使用。

图书在版编目(CIP)数据

杏标准化生产技术/冯义彬主编；陈淑芹等编著．—北京：金盾出版社，2008.1

(建设新农村农产品标准化生产丛书)

ISBN 978-7-5082-4790-8

Ⅰ.杏…　Ⅱ.①冯…②陈…　Ⅲ.杏-果树园艺-标准化　Ⅳ.S662.2

中国版本图书馆 CIP 数据核字(2007)第 177623 号

金盾出版社出版、总发行

北京太平路 5 号(地铁万寿路站往南)

邮政编码：100036　电话：68214039　83219215

传真：68276683　网址：www.jdcbs.cn

北京金盾印刷厂印刷

装订：第七装订厂

各地新华书店经销

开本：787×1092 1/32　印张：6.625　彩页：4　字数：138 千字

2009 年 1 月第 1 版第 2 次印刷

印数：8001—14000 册　定价：10.00 元

红丰杏果实

4 年生杏树生长状

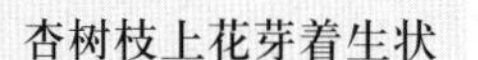

杏树枝上花芽着生状

施入基肥的定植沟

丘陵等高撩壕栽培杏树状

“Y”字形杏树

建设新农村农产品标准化生产丛书

杏标准化生产技术

主　编

冯义彬

编著者

陈淑芹　朱更瑞　郭景南

王力荣　张诗杰　王晓福

方伟超　曹　珂　陈昌文

章秋平

金盾出版社

序　言

随着改革开放的不断深入,我国的农业生产和农村经济得到了迅速发展。农产品的不断丰富,不仅保障了人民生活水平持续提高对农产品的需求,也为农产品的出口创汇创造了条件。然而,在我国农业生产的发展进程中,亦未能避开一些发达国家曾经走过的弯路,即在农产品数量持续增长的同时,农产品的质量和安全相对被忽略,使之成为制约农业生产持续发展的突出问题。因此,必须建立农产品标准化体系,并通过示范加以推广。

农产品标准化体系的建立、示范、推广和实施,是农业结构战略性调整的一项基础工作。实施农产品标准化生产,是农产品质量与安全的技术保证,是节约农业资源、减少农业面源污染的有效途径,是品牌农业和农业产业化发展的必然要求,也是农产品国际贸易和农业国际技术合作的基础。因此,也是我国农业可持续发展和农民增产增收的必由之路。

为了配合农产品标准化体系的建立和推广,促进社会主义新农村建设的健康发展,金盾出版社邀请农业生产和农业科技战线上的众多专家、学者,组编出版了《建设新农村农产品标准化生产丛书》。“丛书”技术涵盖面广，涉及粮、棉、油、肉、奶、蛋、果品、蔬菜、食用菌等农产品的标准化生产技术；内容表述深入浅出，语言通俗易懂，以便于广大农民也能阅读和使用；在编排上把农产品标准化生产与社会主义新农村建设巧妙地结合起来，以利农产品标准化生产技术在广大农村和广大农民群众中生根、开花、结果。

我相信该套“丛书”的出版发行，必将对农产品标准化生产技术的推广和社会主义新农村建设的健康发展发挥积极的指导作用。

王连铮

2006 年 9 月 25 日

注：王连铮教授是我国著名农业专家，曾任农业部常务副部长、中国农业科学院院长、中国科学技术协会副主席、中国农学会副会长、中国作物学会理事长等职。

前　言

近年来，随着人们生活水平的不断提高，果品开始出现低水平结构性剩余，外销空间不断扩大，尤其是我国加入世界贸易组织以后，果业标准化问题显得日益重要和突出。然而，我国大多数果农还没有学会采用标准化从事果业生产。果业标准化不仅是现代果业的一个显著标志，也是经济全球化的一种必然趋势。所谓果业标准化，就是对果品生产、加工、销售的各个环节，均建立起科学先进、切实可行的标准，通过规范操作与严格监督，使其得到全面有效的实施，从而确保果品质量和消费安全，提高果品的信誉度和市场竞争力，实现高产、优质、高效的目的。

面对日益严格的国内外市场准入标准和果品质量安全问题，通过建立科学、规范、完善、稳妥的标准生产体系，依靠科技进步和体制创新，促使传统的水果生产方式变革，是有效地提高果品质量安全水平和市场竞争力，增加果农收入，确保水果业持续、健康、快速发展的有效途径。因此，推行标准化生产，把技术标准、科研成果和生产经验，变成通俗易懂的规范技术，准确地传授给果农，既能加快科研成果的转化，又能提高生产的科学管理水平。

搞好标准化生产，按照各国和各地的市场准入标准，组织生产和科研，围绕消除贸易技术壁垒、实现果品的自由流通和提高果品的竞争力等问题，开展无公害果品生产、绿色果品生产和有机果品生产，提高果品质量和安全水平，就能有效地提高果品走出国门、抢占国际市场的能力。

标准化生产，是按照市场准入标准的要求，打破常规生产方式的界限，在扩大水果生产内涵的基础上，着眼扩大水果生产的外延，致力抓好品种选育、优质栽培、质量监控和产品营销等一系列工作，把果品从生产、保鲜、加工、贮运与销售的各个增值环节，紧密地结合起来。尽量延长产业链条，提高水果生产的科技含量和附加值，从而提高水果产业的整体规模效益，使之成为增加果农收入的重要途径。

尽管目前已经制定了一些果树标准化生产方面的标准，但杏树果品标准化生产方面的却不多。本书从杏树标准化生产的概念和意义、标准化栽培的优良品种与砧木选择、标准化良种苗木繁育技术、标准化建园技术、土肥水标准化管理、标准化整形修剪技术、病虫草害标准化防治和自然灾害的防御、标准化采收和处理与贮藏、产品的安全优质标准等方面，做了较系统的介绍，力求科学性和实用性相结合，旨在抛砖引玉，提高果农进行杏标准化生产的栽培管理技术水平，提高杏生产的经济效益、社会效益和生态效益。

本书除邀请有关专家学者参与编著外，还参考了国内外有关研究领域的学术论文和科学成果，在此向大家表示诚挚的感谢。

由于我们水平有限，书中难免会有疏漏和错误之处，恳请各位读者批评指正。

冯义彬

2007年10月

目　录

第一章　杏标准化生产的概念和意义 ……………………… (1)
一、杏标准化生产的概念 ……………………………… (1)
二、杏标准化生产的意义 ……………………………… (2)
三、标准化生产的现状和对策 ………………………… (4)
(一)标准化生产的现状……………………………… (4)
(二)果树标准化生产的对策………………………… (6)
第二章　杏生长发育条件和标准化栽培的品种选择 …… (9)
一、杏生长发育的生态条件 ………………………… (9)
(一)温度……………………………………………… (9)
(二)光照 …………………………………………… (10)
(三)水分 …………………………………………… (10)
(四)土壤 …………………………………………… (11)
(五)风 ……………………………………………… (11)
(六)杏的栽培发展方向 …………………………… (12)
二、杏的优良品种…………………………………… (12)
(一)鲜食优良品种 ………………………………… (12)
1. 早金蜜(暂定名)………………………………… (12)
2. 金红(暂定名)…………………………………… (13)
3. 新世纪 ………………………………………… (14)
4. 骆驼黄杏 ……………………………………… (14)
5. 金香 …………………………………………… (14)
6. 凯特杏 ………………………………………… (15)
7. 玛脑杏 ………………………………………… (15)

8. 金皇后 …………………………………………………… (15)
9. 金太阳 …………………………………………………… (16)
(二)鲜食为主的兼用优良品种 ………………………… (17)
1. 串枝红杏 ………………………………………………… (17)
2. 旬阳荷包杏 ……………………………………………… (17)
3. 仰韶黄杏 ………………………………………………… (18)
4. 巴斗杏 …………………………………………………… (18)
5. 唐汪川大接杏 …………………………………………… (19)
6. 兰州大接杏 ……………………………………………… (19)
7. 临潼银杏 ………………………………………………… (20)
8. 二转子杏 ………………………………………………… (20)
(三)加工为主的兼用优良品种 ………………………… (20)
1. 孤山杏梅 ………………………………………………… (21)
2. 红金榛 …………………………………………………… (21)
3. 大阿克西米西 …………………………………………… (21)
4. 关爷脸 …………………………………………………… (22)
5. 迟梆子杏 ………………………………………………… (22)
6. 克孜尔苦曼提 …………………………………………… (23)
7. 串角滚子 ………………………………………………… (23)
(四)仁用优良品种 ……………………………………… (23)
1. 龙王帽 …………………………………………………… (23)
2. 一窝蜂 …………………………………………………… (24)
3. 超仁 ……………………………………………………… (24)
4. 丰仁 ……………………………………………………… (25)
5. 北山大扁 ………………………………………………… (25)
三、优良砧木…………………………………………………… (26)
第三章　杏苗标准化繁育技术 ……………………… (27)

一、圃地标准及苗圃建立……………………………………(27)
(一)苗圃选址、规划与整地………………………………(27)
(二)砧木种子的采收与保存 ……………………………(28)
(三)砧木种子的处理 ……………………………………(29)
(四)播种 …………………………………………………(30)
二、嫁接壮苗的培育…………………………………………(32)
(一)砧木实生苗的管理 …………………………………(32)
(二)嫁接苗的培育 ………………………………………(32)
(三)嫁接苗的管理 ………………………………………(37)
三、苗木标准及苗木出圃与运输……………………………(39)
(一)杏苗木质量标准 ……………………………………(39)
(二)苗木出圃 ……………………………………………(39)
(三)苗木运输 ……………………………………………(40)
第四章　杏标准化建园技术 ………………………………(42)
一、园址选择…………………………………………………(42)
(一)一般要求 ……………………………………………(42)
(二)环境质量标准 ………………………………………(44)
二、杏园标准化规划…………………………………………(45)
(一)道路的建设 …………………………………………(45)
(二)灌溉排涝系统的建立 ………………………………(46)
(三)防护林的设置 ………………………………………(47)
三、标准化整地………………………………………………(49)
(一)山地杏园整地 ………………………………………(49)
(二)砂地杏园整地 ………………………………………(51)
四、标准化栽植………………………………………………(52)
(一)品种的选择 …………………………………………(52)
(二)品种的配置 …………………………………………(52)

(三)栽植的密度、方式、时期和方法 …………………… (53)
(四)栽植后的管理 …………………………………………… (54)
第五章 杏园土肥水标准化管理 …………………………… (56)
一、土壤标准化管理…………………………………………… (56)
(一)土壤改良 ……………………………………………… (56)
(二)中耕除草 ……………………………………………… (61)
(三)生草栽培 ……………………………………………… (61)
(四)园地覆盖 ……………………………………………… (72)
(五)合理间作 ……………………………………………… (73)
二、标准化施肥………………………………………………… (73)
(一)肥料选择 ……………………………………………… (73)
(二)施肥量的确定 ………………………………………… (79)
(三)施肥的方法 …………………………………………… (82)
(四)营养诊断与配方施肥技术 …………………………… (87)
三、水分标准化管理…………………………………………… (89)
(一)需水规律及灌溉时期与灌水量的确定 ……………… (89)
(二)适宜灌水方式及相应的设施建设 …………………… (92)
(三)节水灌溉与保墒方法 ………………………………… (95)
(四)防渍排水 ……………………………………………… (98)
第六章 杏树标准化整形修剪……………………………… (100)
一、杏树枝芽的生长特点及修剪特性 ……………………… (100)
二、适宜的树形 ……………………………………………… (102)
(一)自然开心形…………………………………………… (103)
(二)延迟开心形…………………………………………… (104)
(三)自然圆头形…………………………………………… (105)
(四)疏散分层形…………………………………………… (106)
(五)丛状形………………………………………………… (107)

(六)两主枝开心形……………………………………………… (107)
三、不同类型杏树的标准化修剪 ……………………………… (109)
(一)幼树的修剪……………………………………………… (109)
(二)初果期树的修剪………………………………………… (110)
(三)盛果期树的修剪………………………………………… (111)
(四)衰老期树的修剪………………………………………… (112)
(五)放任树的修剪…………………………………………… (113)
(六)小老树的修剪…………………………………………… (113)
四、冬剪与夏剪的标准化实施 ……………………………… (114)
(一)标准化冬剪的实施……………………………………… (114)
(二)标准化夏剪的实施……………………………………… (117)
第七章　杏树花果标准化管理………………………………… (119)
一、疏花枝和疏花芽 ………………………………………… (119)
二、辅助授粉 ………………………………………………… (120)
(一)配置授粉品种…………………………………………… (121)
(二)人工辅助授粉…………………………………………… (122)
三、合理疏果 ………………………………………………… (123)
(一)疏果的作用……………………………………………… (123)
(二)疏果的方法……………………………………………… (124)
四、果实套袋 ………………………………………………… (124)
(一)套袋时间与套前喷药…………………………………… (124)
(二)选袋与套袋……………………………………………… (125)
(三)果实管理与去袋………………………………………… (125)
五、株产量与单位面积产量指标 …………………………… (126)
六、提高杏果品质的调控技术 ……………………………… (128)
(一)果实大小的调控………………………………………… (128)
(二)果实色泽的调控………………………………………… (128)

(三)果面光洁度的调控……………………………… (129)
(四)果实风味的调控………………………………… (130)
七、合理灌水 ……………………………………… (135)
(一)适量水分营养促进杏树生长发育………… (135)
(二)适量水分营养促进果实产量……………… (136)
(三)适量水分营养增进果实品质……………… (137)
(四)适量水分营养促进根系生长……………… (138)
(五)科学管理水分,实现优质丰产 …………… (138)
第八章　病虫草害标准化防治和自然灾害的防御…… (139)
一、杏树各物候期病虫草害的综合防治 ……… (139)
(一)种源的选择和处理………………………… (139)
(二)农业防治…………………………………… (139)
(三)物理防治…………………………………… (139)
(四)生物防治…………………………………… (140)
(五)生态防治…………………………………… (142)
二、主要病害及其防治 ………………………… (143)
(一)流胶病……………………………………… (143)
(二)杏疔病……………………………………… (146)
(三)褐腐病……………………………………… (147)
(四)细菌性穿孔病……………………………… (148)
(五)根腐病……………………………………… (148)
(六)疮痂病……………………………………… (149)
三、主要害虫及其防治 ………………………… (150)
(一)杏球坚介壳虫……………………………… (150)
(二)杏仁蜂……………………………………… (151)
(三)蚜虫………………………………………… (152)
(四)象鼻虫……………………………………… (153)

(五)金龟子……………………………………………………(153)
(六)舟形毛虫…………………………………………………(155)
(七)天幕毛虫…………………………………………………(156)
(八)红颈天牛…………………………………………………(156)
(九)山楂红蜘蛛………………………………………………(158)
四、草害防治 …………………………………………………(159)
(一)常用防治方法……………………………………………(159)
(二)使用生物源除草剂………………………………………(159)
五、主要自然灾害霜冻的防御 ………………………………(161)
(一)霜冻的发生条件…………………………………………(161)
(二)霜冻的危害………………………………………………(162)
(三)霜冻的预防………………………………………………(162)
六、植物生长调节剂标准化使用 ……………………………(164)
(一)可使用的生长调节剂及其作用…………………………(164)
(二)使用植物生长调节剂的注意事项………………………(165)
七、无公害果品生产的农药使用 ……………………………(166)
(一)国家明令禁止使用的农药………………………………(166)
(二)不得使用的农药…………………………………………(166)
(三)允许限制使用的农药……………………………………(167)
(四)提倡使用的农药…………………………………………(167)
(五)常用生物农药……………………………………………(167)
(六)使用农药的准则…………………………………………(170)
第九章　杏果标准化采收、处理与贮藏 ……………………(172)
一、杏果采收 …………………………………………………(172)
(一)采收期的确定……………………………………………(172)
(二)采收的方法………………………………………………(175)
二、杏果处理 …………………………………………………(176)

(一)分级…………………………………………………………（176）
(二)预冷…………………………………………………………（177）
三、包装与标志 …………………………………………………（178）
(一)包装与标志的规定…………………………………………（178）
(二)包装的要求…………………………………………………（178）
(三)杏果的包装…………………………………………………（178）
(四)果品的标识…………………………………………………（179）
四、杏果运输 ……………………………………………………（181）
五、杏果贮藏 ……………………………………………………（181）
(一)杏果贮藏保鲜的意义………………………………………（181）
(二)贮藏冷库的种类……………………………………………（182）
(三)科学贮藏的操作……………………………………………（183）
第十章　杏果的安全优质标准…………………………………（185）
一、果实规格 ……………………………………………………（185）
二、感官指标 ……………………………………………………（186）
三、理化指标 ……………………………………………………（186）
四、卫生安全标准 ………………………………………………（189）
五、认真执行标准,不断提高效益………………………………（189）
参考文献………………………………………………………（191）

第一章　杏标准化生产的概念和意义

一、杏标准化生产的概念

标准化是由标准化概念按行业分类衍生而来的。因此，要准确表达这一概念，首先要理解标准化的概念。标准化学科包括两个最基本的概念，即标准和标准化。

标准：为在一定的范围内获得最佳秩序，对活动或其结果规定共同的和重复使用的规则、导则或特性的文件，称为标准。该文件经协商一致制定并经一个公认机构的批准。标准应以科学、技术和经验的综合成果为基础，以促进最佳社会效益为目的。

标准化：为在一定的范围内获得最佳秩序，对实际的或潜在的问题制定共同的重复使用的规则的活动，称为标准化。它包括制定、发布及实施标准的过程。

农业标准化是以农业为对象的标准化活动，即运用“统一、简化、协调、选优”的原则，通过制定和实施标准，把农业产前、产中和产后各个环节，纳入标准生产和标准管理的轨道。

杏无公害标准：在生产过程中允许限量、限品种、限时间使用人工合成的安全化学农药、化肥等，但在上市检测时不得超标，即无农药残毒。

杏绿色标准：生产过程中不使用化学合成的农药、肥料、食品添加剂及有害于环境和人体健康的生产资料，而是通过使用有机肥、种植绿肥、作物轮作、生物或物理方法等技术，培肥土壤、控制病虫草害，保护或提高产品品质，从而保证产品质量符合绿色产品标准要求。

杏有机标准：是一种完全不用或基本不用人工合成的化肥、农药和生长调节剂的生产体系。有机农业在可行范围内尽量依靠作物轮作、秸秆、牲畜粪肥、豆科作物、绿肥、场外有机废料和含有矿物养分的矿石补偿养分，利用生物和人工技术防治病虫草害。

二、杏标准化生产的意义

标准化生产是农业现代化建设的一项重要内容，是科技兴农的载体和基础。它通过把先进的科学技术和成熟的经验，组成农业标准，推广应用到农业生产和经营活动中，把科技成果转化为现实的生产力。从而取得经济、社会和生态的最佳效益，达到高产、优质、高效的目的。

当前，由于部分农民盲目追求产量的最大化，在生产过程中，不注意合理使用化肥、农药等农业投入品，致使一些农产品不同程度地受到农药、亚硝酸盐等有害物质的污染，降低了农产品的质量和效益。广大消费者对农产品质量普遍抱有疑惧心理，购买热情下降。在出口创汇方面，由于一些农产品不符合相关国家和地区的食品安全标准，因而屡屡引发贸易纠纷，有的不得不减少出口量，甚至被迫退出国际市场。出现这些问题的主要原因，就是农业标准化工作滞后，没有跟上农业发展进入新阶段的步伐。可以说，在目前城乡人民生活水平不断提高，农产品市场竞争日趋激烈，特别是在加入世界贸易组织的新形势下，大力推进农业标准化，全面提高农产品品质量，显得十分突出、十分重要。

一是确保人类健康的需要。现在我们的农产品中有相当一部分存在有害物质残留超标的问题，有的因长期食用低劣果品造成积累中毒，严重影响了人们的身体健康。许多消费者对果品质量抱有疑惧心理，感到吃什么果都不放心。因此，从维护人类健康的角度讲，必须推行杏标准化生产。

二是提高人们生活水平的需要。过去我国农产品长期处在短缺状态，解决温饱是农业面临的最大最重要的问题。果树生产也是一样，追求的第一目标是高产，不太考虑产品品质的好坏，因为首先需要解决的是有果吃的问题。现在温饱问题解决了，果品的品质营养、安全卫生便成为人们关注和追求的新目标，人们甚至宁肯多花点钱，也要买到安全、优质的果品。也就是说，广大消费者已对果品的安全性提出了新的要求。要适应这种要求，实现吃好这个目标，就必须推行杏标准化生产。

三是抢占国内外市场的需要。随着农业部启动的“新世纪无公害食品行动计划”的实施，全国各地都纷纷制定和出台了一些加强果业标准化，提高果品质量的对策，标准化工作已经在全国各地全面铺开。如果不下决心推行杏标准化生产，果品质量无保证，就不但不能开拓和占领新市场，而且还会有从已经占领的市场中被挤出来的危险，其后果不堪设想。

四是适应“入世”后竞争的需要。经济全球化是一把“双刃剑”，它在提供给人们广阔贸易空间的同时，也给贸易带来了摩擦。这种摩擦，主要表现为技术、标准即产品质量之争。2006 年，日本、韩国对我国的大葱、禽肉等农产品实行进口设限，就充分说明了这一点。可以说，在这种形势下，如果我们不按标准化组织生产，就难以开拓国际市场。因此，我们只有按照国际标准的要求，生产出大量质量过硬、市场竞争力强的农产品，才能在激烈的市场竞争中立于不败之地，从而加快我国农业现代化进程。

可以这样说，实施农业标准化，实际上是由传统生产向无公害标准化生产转变的一场革命。这绝不只是锦上添花之作，而是关系到我国果品产业能否生存、能否发展的关键措施。面对这种新形势，我们只有以实现杏标准化生产为切入点，不断提高果品的质量和档次，才能满足民众安全消费的需求。

三、标准化生产的现状和对策

（一）标准化生产的现状

1. 农业标准化体系基本形成

目前，我国已发布农业国家标准 1 500 多项，农业行业标准近 2 000 项，各省、自治区、直辖市制定的农业地方标准 7 000项，覆盖了粮食、棉花、油料、禽畜产品、水产品、水果、蔬菜、林业和烤烟等各类产品，贯穿产前、产中和产后的全过程，涉及农业基础管理、农业产品质量和安全、动植物保护、检疫和检验、农林机械与设备等各个方面，初步形成了一个以国家标准为主体，行业标准、地方标准、企业标准相互配套，包括产前、产中、产后全过程的农业标准体系。

2. 农业标准化管理体制进一步加强

国家农业主管部门设有专门分管农业质量标准化的机构（农业部市场与经济信息司），各省、自治区、直辖市农业部门都设有标准化管理机构。在技术方面，成立了全国性农业标准化专业技术委员会和技术归口单位 20 多个，负责对标准的技术性和实用性进行审查，农业标准化在整个国家标准体系中，成为不可替代的重要组成部分。

3. 农业质量监督体系从无到有

从 20 世纪 80 年代中期开始，我国加强了农业质量监督体系建设。目前，已有国家级产品质检中心 10 多个，部级质检中心 180 多个，各省、市、县都建有检测机构，形成了遍布全国的检验检测体系。

4. 农业标准化法规逐步建立

根据《中华人民共和国产品质量法》、《标准化法》、《计量法》及有关的法律法规，结合农业的特点，制定了法规和部门规章。这些法规的制定，有力地指导了我国的农业标准工作，规范了农业标准体系的建设，使农业标准化纳入了法制管理的轨道，为依法行政、依法治农奠定了基础。

5. 产品质量认证开始起步

参照国际上质量认证的通行作法，组建了中国水产品质量认证中心和中国农机产品质量认证中心。在认真学习国外经验，如美国水产品认证体系 HACCP，建立起具有中国特色的认证体系，并在种子、饲料和兽药等一系列产品方面，进行认证前的试点，准备摸索经验，扩大认证领域。

在这种形势下，我国果树标准化生产推广工作大大加强，果树标准化生产受到社会的普遍重视。比如，三门峡市果树标准化生产示范基地，就是推行标准化生产取得突出成绩的典型之一。他们的突出事迹和经验，一是举办各级、各类培训班，向果农传授果树管理技术。近年来，各级业务部门平均每年培训果农 20 余万人次。二是组织大型果树管理、现场观摩会议，如 2005 年和 2006 年连续两年，在陕县举办千人以上绿色果品基地建设现场会，推广陕县二仙坡发展绿色果品基地建设的成功经验。目前，已发展无公害果品基地6.1万公顷，绿色果品基地300公顷，有机果品基地100公顷。所有果园基本实现标准化，优质果率达到60%以上。又如北京市园林绿化局2006年从完善制定果树标准入手，重点抓了科技入户及示范区（户）的建设。为配合标准推广，各区县先后确定“果树标准化生产示范区（点）”493个，就完成科技入户2.77万户，总面积达2.4万公顷。由此可见，我国果业的标准化生产，正如雨后春笋，蓬勃发展。

（二）果树标准化生产的对策

建立健全果树质量标准体系。这是实施果树标准化的基础和前提。没有标准就谈不上标准化。要在现有国家标准、行业标准、地方标准的基础上，参照有关国际标准，进一步制定出从生产环境、生产过程到产品品质、加工包装等环节的一系列标准，使果树生产的每一个环节都纳入标准化管理的轨道，从而形成一整套完善的全程标准指标体系。

尽快建立健全果树产品质量检测体系。果树产品质量检测体系，是确保果树产品质量的重要手段。要抓住“早”字，争主动，尽快建立健全这一体系。同时，要引导扶持龙头企业、生产基地、果树产品批发市场尽快建立质量检测点，形成布局合理、功能齐全和服务便捷的果品质量检测网络。

进一步搞好果树标准化示范基地建设。果树标准化是一个新生事物，需要靠示范引导，通过示范带动促进面上工作平衡开展。要结合本地实际情况，建立自己的标准化示范基地，在基地内严格按标准组织生产，加强监测管理，建立生产技术档案。通过示范基地建设，让农民一看就懂，一学就会，达到宣传推广果树标准化的目的。同时，要重新规划建设一批果树标准化示范园区，严格按照无公害农产品和绿色食品的标准要求组织生产，使示范园内的每一个产品都达到无公害产品或绿色食品的标准，把示范园真正建成果树标准化生产的样板园。要注意发挥龙头企业外联市场、内联农户的优势，积极帮助他们建立标准化种植基地，确保果树产品质量符合进口国的标准。

逐步建立果树产品市场准入制度。为激励农民按标准化要求进行生产，充分体现果树产品优质优价政策，今后要在主要农贸市场逐步设立农产品质量检测站，对进入市场销售的果品进行快速抽检，合格的允许进入市场指定的优质优价产品专营区销售，并逐步建立无公害果品专营市场，树立无公害产品的市场品牌。

积极组织好果树优质产品的质量认证工作。要按照无公害食品、绿色食品和有机食品的认证办法，积极组织好各类名牌果品的开发、申报和认证工作，使更多的果品进入由国家和省级认证的名牌农产品范围。同时，要抓好已经认证为名牌产品的质量跟踪管理，以保证名牌产品的信誉和权益。对未经认可即擅自使用无公害食品、绿色食品标志者，要依法查处，严厉打击。

加大对农资市场的清理整顿和环境污染治理力度。要加强对种苗、肥料，特别是农药等农业投入品的质量管理，坚持不懈地加大对农资市场的清理整顿力度，适时公布禁用和淘汰的农资品种，对查处的假、冒、伪、劣农药和其他违禁农业生产资料，要依法处理，并予以曝光。对违反规定，在果树生产领域使用高毒、高残留物质的，一经发现，要严厉查处，决不姑息。同时，要加大对工业“三废”和城市生活垃圾的治理力度，为包括果树生产在内的农业标准化，提供良好的生态环境。

大力普及农业标准化知识，提高全社会的标准化意识。包括果树生产在内的农业标准化的实施，有赖于全体生产者、经营者、服务者、消费者和组织管理者的共同参与。农业质量技术监督等部门，要按照“各负其责，层层培训”的要求，多形式、多渠道地搞好包括果树生产在内的农业标准化知识培训。增强全社会对实施农业标准化生产的紧迫感和责任感，在全社会形成人人关注标准化、自觉实施标准化的良好氛围。

第二章　杏生长发育条件和标准化栽培的品种选择

一、杏生长发育的生态条件

杏树对外界环境条件的适应性极强，适宜栽培的范围也很广。就我国而言，从北纬 23°～53°皆有分布。其主要产区的年平均气温为－5℃～22℃、大于或等于 10℃以上的年积温在 1 000℃～6 500℃，年降水量为 50～1 600 毫米，日照时数为 1 800～3 400 小时，无霜期在 100～350 天。由此可见，杏树不仅能在高纬度、气候寒冷、干旱的地区开花结果，而且也能在纬度较低、气候温暖和湿润多雨的地区生长发育。

（一）温　度

杏对温度的适应范围较广，在休眠期内能耐－30℃的低温。东北地区的杏品种群抗寒能力最强，在－40℃或更低的温度下也能安全越冬。杏树又是在生长季中耐高温的果树，在新疆地区夏季平均最高温度为 36.3℃，绝对最高温度达 43.9℃，杏树仍能正常生长，而且果实含糖量很高。

早春刚一回暖，杏树即开始萌动。地温达 4℃～5℃时新根开始生长，盛花期适宜的平均气温为 10℃左右，花芽分化的适宜温度为 20℃左右，落叶期的气温为 2℃左右。一般杏树正常生长结果的温度为 20℃。

杏树的花和幼果对温度非常敏感，仁用杏尤甚。一般而言，－10℃～－15℃可使开始萌动的花芽冻死。－2 ℃～－3℃能使花器官受冻，－1℃可冻伤幼果。据资料报道，各花器官的抗冻能力依次为：未发芽的花粉＞花萼＞柱头＞花瓣＞花丝＞发芽的花粉。花期的阴雨，阴冷和大风会妨碍昆虫传粉，造成授粉不良而减产或绝产。故花期的低温和其他不良的气候条件，是杏树减产的重要因素。

（二）光　照

杏树是强喜光树种。在光照充足的情况下，生长发育良好；光照不足，则枝条易徒长，树冠郁闭，内膛枝易枯死，造成内部光秃，结果部位外移。光照不足，影响花芽分化，败育花率增多，果面着色差，含糖量较低，果实品质下降。因此，合理的整形修剪或合理密植，改善杏树通风透光条件，增加树体受光面积，保证树冠内外枝条均能良好地生长，减少败育花率，是提高杏树产量和果实品质的一项重要措施。

（三）水　分

杏树具有很强的抗旱能力，在年降水量 300～600 毫米的地区，即使不灌水，也能正常生长和结实。其主要原因是，杏树不仅根系强大，可以深入土壤深层吸取水分，更重要的是，杏树叶片在干旱时，可以降低蒸腾强度，具有耐脱水性。

杏树是不耐涝树种。杏园积水超过 3 天，会引起黄叶、落叶、死根，以至全株死亡。故杏园一定要做好排水防涝工作。

杏树不同种类和品种对水分的需要不同。一般仁用杏、干用杏的树体比鲜食杏的树体需水较少。早熟品种对干旱的反应，比晚熟品种要差得多。

杏树在年周期生长中，不同时期需水量不同。从开花到枝条第一次停止生长期内，有少量的降雨或灌水，即可保证枝条的正常生长和花芽提前分化。若在此时期的前期干旱，后期有适量的灌水或降雨，将会引起枝条的二次生长和推迟花芽分化期。硬核期是需水的关键时期，水量直接影响当年杏的产量。此期如缺水会导致落果，明显降低果实重量。杏树在冬季休眠期需水很少，但为了保证根系的良好发育，也需要一定的水分供应。尤其是我国华北、西北地区，冬季干旱多风，蒸发量大；若不浇封冻水，根系活动缓慢，不利于来年春季枝条的生长。杏树在早春萌芽前，对水分的要求也十分迫切。冬、春季干旱地区，花芽开始萌动应立即浇水，最迟不应晚于开花前 10～13 天；否则会给坐果和新梢生长带来不良影响。

（四）土　壤

杏树对土壤的要求不严格，除了通气过差的积水洼地、河滩地与黏重土壤地外，各种类型的土壤都可栽培，但以土层深厚的肥沃土或排水良好的砂壤土为最好。杏树的耐盐碱能力很强，在含盐量 0.1%～0.2% 的土壤中可正常生长，超过 0.24%便会有伤害，最适宜于土壤酸碱度为中性或微碱性的土壤中生长。地下水位高的地段（1.5～2.0 米）不宜栽培杏树。

（五）风

杏树喜通透性良好的环境。开花期间，微风能散布芬芳的香气，有利于招引昆虫传粉，还可以吹走多余的湿气，防止地面冷空气的集结，从而减轻杏园辐射霜冻的危害。花期遇大风极为有害，不仅影响昆虫传粉，还会将花瓣、柱头吹干，从而造成杏花授粉受精不良，降低产量。大风还会引起枝干的折断、叶片的破裂和果实的脱落，同时也能传播病原体，造成病害蔓延。在多风地区,应在杏园的周围营造防风林带。

(六)杏的栽培发展方向

根据杏树本身的生态适应性及今后市场经济的特点,我国杏树大体有以下几个发展方向:

第一,适地适树。因地制宜地选择新优品种或当地的优良品种。

第二,在高海拔干旱地区,可以发展仁用杏,最好是仁干兼用品种而以取仁为主。仁用杏中,又应着重甜仁杏的发展。

第三,在一般山区和沙荒地区,交通和加工条件较好的地方,可以发展以加工为主的鲜食加工兼用品种和干仁兼用品种。

第四,在交通便利和城市工矿区附近,应重点发展鲜食品种,以调节和丰富初夏的水果供应。

第五,在城市公园、绿化地区、庭院以及观光旅游胜地应栽培观赏杏树,以美化庭院及生态环境。

二、杏的优良品种

(一)鲜食优良品种

优良鲜食品种的果实应具有果实大型,外观诱人、艳丽,果肉肥厚多汁,纤维细,酸甜适度,富有浓香等优良特点。可供栽培选择的优良鲜食杏品种主要如下:

1. 早金蜜(暂定名)

为中国农业科学院郑州果树研究所选出的优良新品系。其果实在郑州地区于5月16日成熟上市,是目前有发展潜力的极早熟鲜食优良新品种。

果实近圆形，果顶平，微凹 。平均单果重 60.2 克，最大果重 80.3 克。果个均匀整齐，果面橙黄色，洁净美观。肉厚而色黄，由里向外成熟，肉质细软，纤维少，味浓甜芳香，汁液多；可溶性固形物含量为 14.6%；品质上等。离核，核小，仁苦。果实在常温下可贮放 5～7 天。

此品系成花早，花量大，自然结实能力强，丰产、稳产性强。苗圃内速成苗成花株率达 5%，定植后第二年开花株率和坐果株率均达 100%，4～5 年生的株产量为 25～45 千克。

树体矮化，健壮，节间较短，叶片大而厚，5 年生树高 2.5 米，冠幅为 2 米。萌芽力强、成枝力弱。易管理，适宜密植栽培。对倒春寒、大风、蚜虫、褐腐病和细菌性穿孔病等，均有较强的抵抗能力。无裂果，无采前落果现象。是露地和保护地栽培的首选品种之一。

2. 金红(暂定名)

系河南省地方选出的优良新品系。其果实在郑州以南地区，于 5 月 23 日成熟上市，5 月 26 日批量采收。

果实近圆形，片肉稍对称。平均单果重 50 克，最大果重 75 克。果面橙黄，阳面鲜红。果肉黄而纤维少，有香气，充分成熟时酸甜适口，柔软味浓，汁液中多。离核，仁苦。

树势中庸，半开张。早实性强，极丰产。当年定植芽苗，第二年开花株率和坐果率均达 100%。平均株产杏 3 千克，折合 667 平方米产量为 333 千克。第三年平均株产量为 20 千克，最高株产量为 25 千克，折合 667 平方米产量为 1 665 千克。露地适栽株行距为 2 米×3 米，667 平方米栽 111 棵。

此品种抗晚霜危害，抗裂果。花期曾遇 －5℃ 的低温，其他几个品种的坐果率为 0～5%，而金红坐果率则达 95%。果实临近成熟期曾经过 20 天内连续降雨天气，红玉、霸王鞭、银香白和红荷包等10余个品种，出现严重裂果，最多的达95%，而金红杏则一果未裂。故此品种是保护地和露地栽培的适宜品种之一，可以作为极早熟鲜食杏新品种在生产中引种发展。

3. 新 世 纪

为山东农业大学培育的优良新品系，亲本为红荷包和二花槽。其果实于5月26日成熟。是有希望的早熟优良新品种。

果实卵圆形，果顶平。平均单果重68.2克，最大果重108克。片肉不对称。果面光滑，橙黄色，阳面粉红色。肉质细，香味浓，风味酸甜适口；含可溶性固形物15.2%；品质上等。离核，仁苦。

树冠开张，枝条自然下垂。具有自花结实能力，丰产。花期晚，可避开晚霜危害。是红荷包等早熟杏品种的更新换代品种。

4. 骆驼黄杏

原产于北京地区。其果实于6月初成熟。发育期为55天左右。是优良的极早熟鲜食品种。近年来，在辽宁和北京等地区已大面积发展。

果实圆形。平均单果重49.5克，最大果重78克。果实底色橙黄，阳面有1/3为暗红晕。果肉橙黄色，肉质软，汁液多，味甜酸适口，有香气。可溶性固形物含量为11.5%，品质上等。黏核，甜仁。较耐贮运，常温下可贮放3～5天。

此品种嫁接后幼树生长迅速，成形早，且丰产，5年生树株产鲜杏20千克左右。在北京地区表现为抗寒，抗旱，适应性强。

5. 金 香

为中国农业科学院郑州果树研究所选育的杏树优良新品系。果实在郑州地区于6月上旬可上市。生育期为70天左右。

果实近圆形，果顶平，对称。平均单果重100克左右，最大果重165克。果面橙黄，阳面有红晕。果肉金黄，肉质细，多汁，味甜。含可溶性固形物13.2%，品质上等。离核，甜仁。

树势生长健壮，树姿开张，萌芽和成枝力中等；4～5年生树，株产量可达30～50千克。

6. 凯 特 杏

原产于美国加利福尼亚州。1991年由山东省果树研究所引入我国。果实于6月上中旬成熟。生育期为72天左右。它是优良的早中熟鲜食杏新品种。我国各地正在大面积发展。

果实长圆形，果顶平，微凹，片肉对称。特大型果，平均单果重105.5克，最大果重138克。果面橙黄色，阳面着红晕。果肉金黄色，肉质细软，汁液中多，味甜。含可溶性固形物12.7%，总糖量10.9%，可滴定酸0.94%。离核，仁苦。

此品种成花早，花量大，具有自花结实能力，早实，丰产，稳产。是保护地和露地栽培的适宜品种之一。

7. 玛 瑙 杏

原产于美国。1987年由山东省果树研究所从澳大利亚引入我国。该品种的果实于6月中旬成熟。发育期为74天左右。是中熟鲜食杏优良品种。

果实圆形，果顶圆平。平均单果重49.5克，最大果重98克。果面橘红，阳面着片状红晕，光洁美观。果肉橘红色，质地硬，汁液多，味酸甜。含可溶性固形物12.5%，总糖9.05%，可滴定酸1.4%。离核，仁苦。极丰产。耐贮运。

8. 金 皇 后

由陕西果树研究所从杏李自然杂种中选出。果实于7月上旬成熟，是优良的晚熟鲜食杏新品种。目前在陕西省已进行规模栽植。

果实近圆形。平均单果重 81 克，最大果重 100 克。果个均匀，缝合线浅，果顶平。果面金黄，部分果阳面有红晕。果肉橙黄色，质细致密，属不溶质。黏核，仁苦，似李核。初采果硬度大，为 18 千克/平方厘米，以李味为主；在室温下存放5～7 天后，果实开始变软，汁液增多，杏味增浓。在室温下可存放 2 周；在 0℃～5℃低温条件下，可存放 1 个月左右。

树势中庸偏弱，萌芽力、发枝力中等。以花束状果枝和短果枝结果为主。定植后第三年开始结果，第四年平均株产量为 45 千克，折合 667 平方米产量为 2 475 千克。第七年株产果 115 千克，折合 667 平方米产量为 6 325 千克。在陕西关中地区表现连年丰产稳产。

其花期比一般杏品种晚 5～7 天，能避免花期寒害。在多雨年份，未发生过裂果现象。抗细菌性穿孔病和杏疔病。同时抗风能力也强。无采前落果现象，是优良的晚熟杏耐贮新品种。

9. 金太阳

果实较大，平均单果重 66.9 克，大果重 87.5 克。果实近圆形，端正，果顶平，缝合线浅，不明显，两半部对称。果面光滑，有光泽，果面金黄色至橙红色，极美观。果肉黄色，肉厚 1.46 厘米，肉质细嫩，纤维少，汁液较多。果实完熟时可溶性固形物含量为 14.7%，总糖含量为 13.1%，总酸含量为 1.1%，味甜微酸。离核，核小，仁苦。可食率为 96%。抗裂果。较耐贮运。适期采收常温下可存放 5～7 天。

树姿开张，树体较矮。生长势中庸。幼龄树枝条一年中可有春梢、夏梢和秋梢三次生长，枝条易下垂。萌芽力中等，成枝力强，幼树轻剪可抽生较多的短枝，夏季短截可以抽生 2～3 个长枝。幼树以中、长果枝结果为主，占果枝总量的

80%;短果枝占12%,花束状果枝占8%。花芽分化质量较高,雌蕊败育花率较低。需配置授粉品种。

此品种成花早,花量大,早实,丰产,稳产。是保护地和露地栽培杏树的适宜品种之一。

(二)鲜食为主的兼用优良品种

我国大部分品种属于此类。其特点为,果实含糖量高,汁液中等,肉厚色黄,酸甜适口,具有香气。既可加工,又可鲜食。其主要品种如下:

1. 串枝红杏

原产于河北省南部邢台地区巨鹿、广宗一带。果实于6月底至7月初成熟。发育期为85天左右。是优良的晚熟杏加工品种。

果实圆形,果顶一侧稍凸起。平均单果重52.5克,最大果重94.1克。果面底色橙黄,阳面紫红色。果肉橘黄色,肉质致密,较坚韧,纤维少。汁液中多,味甜酸,品质上等。离核,仁苦。耐贮运,室温下可存放10天左右。

该品种结果早,丰产性极强。栽后3年即可结果,5~6年进入盛果期,一般平均株产量为150~200千克,经济寿命可达70~80年。适应性、抗旱性、抗寒性、抗风性和耐瘠薄能力均强。制罐、制脯、制酱效果均佳。色艳味美,是极好的加工杏品种,可大面积发展。

2. 旬阳荷包杏

原产于陕西省秦岭大巴山区。果实发育期为65~75天。是优良的早中熟杏品种。

果实扁圆形。平均单果重125克,最大果重154克。片肉稍不对称,充分成熟后沿缝合线轻微裂开。果皮底色橙黄,向阳面有红色果点，果肩处最密，色泽美丽。果肉橙黄色，肉质细、柔软，风味甜酸适度，香味浓郁，多汁。离核，仁甜香。果实采收后，在室温下可贮放3～5天。

早实性强，丰产。定植后3年开始结果。成年树株产量200千克左右。耐瘠薄土壤。杏果除鲜食外，还可加工成杏干、杏脯、杏酱、杏汁、杏酒和杏罐头等产品。近年来，陕西旬阳县已把此品种作为全县开发推广的品种。

3. 仰韶黄杏

又名鸡蛋杏、大杏、响铃杏。原产于河南省渑池县。果实于6月中旬成熟。发育期为70～80天。是优良的中熟地方品种。1988年曾被农业部定为杏的名特优产品。

果实卵圆形。平均单果重87.5克，最大单果重131.7克。果面黄或橙黄色，阳面着2/3红晕。果肉橙黄，肉质细腻，有韧性，致密而软，纤维少，汁多，甜酸适度，香味浓郁。可溶性固形物含量为14%，pH值5～6，含维生素C 11.7毫克/100克，果胶1.4%。品质上等。常温下可存放7～10天。离核，仁苦。

此品种分布较广，在河南、陕西、山西、河北、北京和辽宁等地均有栽培。较丰产。适应性及抗寒、抗旱、耐瘠薄能力均强。对炭疽病及介壳虫抗性较强。果实除鲜食外，还可加工成杏罐头和杏脯等，为优良鲜食与加工兼用品种。

4. 巴 斗 杏

主产于安徽淮北、砀山、萧县和江苏徐州等地。果实于6月下旬成熟。生育期约80天。是优良的中晚熟地方古老品种，至今已有400余年的栽培历史。

果实近圆形，果顶平，缝合线明显。平均单果重55.2克，最大果重82.0克。底色淡黄，阳面有鲜红霞。果肉橘黄色，肉质致密，纤维少。汁中多，酸甜适口，有香气。可溶性固形物含量达14%，品质上等。离核，甜仁。常温下果实可贮放7天左右。

此品种适应性强，抗旱，耐瘠薄。较丰产。5年生树平均株产果70千克，盛果期最高株产果可达200千克以上。鲜食、制罐均可，为优良的鲜食加工兼用品种。近年来，该品种在安徽省已规模栽培。

5. 唐汪川大接杏

又名桃杏。原产于甘肃省东乡县唐汪川。果实于7月上中旬成熟。发育期90天。是果大质优的晚熟鲜食杏品种。

果实圆形，顶尖，缝合线两侧片肉对称。平均单果重90.3克，最大果重150克。果面黄色或橙黄色，阳面着鲜红色。果肉橘黄色，肉质细密，柔软多汁，纤维少，风味酸甜适度，芳香浓郁。可溶性固形物含量达14.5%，品质上等或极上等。果实在常温下可存放4～6天。离核或半离核。仁甜。

此品种在甘肃、陕西、宁夏和辽宁等省、自治区均有栽培，表现良好。抗寒，抗旱，适应性强，丰产性好。栽植后第三年开始结果，5年生树进入盛果期，10～15年生树株产果75～300千克。果实除鲜食外，还可制脯和制罐。为优良的鲜食加工兼用品种。宜在交通运输方便的地方广泛栽培。

6. 兰州大接杏

原产于甘肃省兰州市郊。果实于6月下旬至7月上旬成熟。发育期约80天。为古老的地方品种。

果实长卵圆形。单果重84克，最大果重180克。果个匀称，片肉对称。果面黄色，阳面红色，并有明显的朱砂点。果肉金黄色，肉质细，柔软多汁，味甜香浓郁，纤维少。可溶性固形物含量达14.5%，品质极上等。果实在常温下可存放5～7

天。离核或半离核。甜仁，单仁重 0.69 克，出仁率为 23.8%。仁饱满，甜脆质优。鲜食、制脯、制干和仁用均可。

树势强健，树姿半开张。抗寒，抗旱，适应性强。丰产性好。成年树株产果 140～210 千克，为有名的地方良种，宜推广发展。

7. 临潼银杏

产于陕西省西安市临潼区。果实发育期约 75 天。是优良的中熟地方品种。

果实圆形。平均单果重 80.0 克，最大果重 100 克。片肉对称。果皮黄色，果肉橘黄色，肉质较硬，细密，纤维少，汁多，酸甜味浓，品质上等。半离核，仁甜。果实在常温下可贮放 3～5 天。

该杏分布较广，适应性、抗寒性和抗旱能力均强。自然坐果率较高，个大味美。是优良的鲜食仁用兼用品种，在生产上可大面积发展。

8. 二转子杏

产于陕西省。果实生育期约 75 天。是中熟地方优良品种。

果实近圆形。平均单果重 100.4 克，最大果重 133.0 克。片肉对称。果面绿黄，有少量紫红点。果肉橘黄色，肉质细软，汁多，甜酸味浓，有香气，品质极上等。半离核，仁甜。果实在常温下可存放 3～5 天。

该品种抗旱，抗寒。丰产，6 年生树平均株产果 65 千克。为优良的鲜食和仁用杏品种，可在华北地区大面积推广发展。

（三）加工为主的兼用优良品种

该类杏优良品种，具有鲜食、加工和仁用的优良性状，可以一杏多用，但以供加工用为主。

1. 孤山杏梅

19世纪70年代由国外传入，经长期选择培育而成。果实于7月上中旬成熟。发育期80天左右。

果实长卵圆形。平均单果重53.2克，最大果重89.2克。片肉较不对称。果皮绿黄，阳面鲜红。果肉黄色或橘黄色，肉质硬，充分成熟后柔软多汁，纤维细而少，甜酸味浓。可溶性固形物含量为15%，品质极上等。果实在常温下可存放5～7天。半离核，仁甜。

该品种在辽宁各地均有栽培，适应性、抗寒性、抗涝性和抗病性均强。是优良的鲜食、加工与仁用兼用杏品种。

2. 红金榛

原产于山东省招远县大秦家镇小于家村。果实于7月上旬成熟。发育期90天左右。

果实近圆形。平均单果重71克，最大果重167克。果面橙黄色，阳面有红晕，光洁美观。果肉橙黄色，充分成熟后，柔软多汁，酸甜适口，有香气。可溶性固形物含量为13.0%，品质上等。离核。仁甜，饱满，成仁率达95%以上。

该品种丰产性和抗病性强。一般定植3年开始结果，5～7年生树平均株产果90～150千克。抗寒、抗旱、适应性均较强。适于制脯和制罐，出脯率可达25.8%，由此杏制成的杏脯和杏罐头，皆为优质产品，是国内优良的鲜食、加工和仁用兼用品种。

3. 大阿克西米西

又名白阿克西米。产于新疆库车，南疆各地均有栽培。果实于6月中旬成熟。发育期约80天。

果实长卵圆形或椭圆形。平均单果重20.2克，最大果重

23.0 克。片肉对称。果面黄白或绿白色，光洁无毛。果肉黄白，肉质细，汁中多，纤维少，味酸甜，微香。可溶性固形物含量为 20%～28%，品质极上等。离核，甜仁，种仁有芳香，出仁率为 40%～45%。果实常温下可存放 3～4 天。

树势强，树冠开张，呈半圆形。抗旱，抗寒，耐瘠薄，适应性强。丰产性能好。宜鲜食，又宜制干和仁用，是我国优良的制干杏品种。整果不去皮罐头，外观美，品质佳。故为优良的鲜食、加工和仁用兼用杏品种。

4. 关 爷 脸

原产于河北省，辽宁、陕西等省均有栽培。果实发育期约为 75 天。为中熟地方良种。

果实扁卵圆形。平均单果重 66.4 克，最大果重 79.0 克。片肉不对称。果皮橙黄，阳面鲜红。果肉橘黄色，肉质致密，汁中多，纤维少，甜酸适口，品质上等。半离核，仁甜。果实较耐贮运，在常温下可存放 5～7 天。

此品种分布较广，适应性和抗寒、抗旱能力均强。果大色美，用其果肉制成的杏罐头和杏脯等加工品，色、香、味俱全，品质颇佳。是鲜食、加工和仁用兼用杏品种，可大面积推广栽培。

5. 迟梆子杏

主产于陕西省华县。果实于 6 月中旬成熟。适宜山区栽培。

果实扁圆形，平均单果重 20 克。果皮浓黄色，阳面红色并有深红色斑点。果肉黄色，味甜，品质上等。离核，甜仁，种仁肥大饱满，品质佳，出仁率为 25%～35%。果肉可制干，出干率达 20%。

树势强健，树冠呈圆头形。以中短果枝和花丛状果枝结果为主。抗风，抗旱，落果少，极丰产，大树株产量可达200～250千克。为优良的仁干兼用品种。

6. 克孜尔苦曼提

主产于新疆库车。果实于6月下旬成熟。

果实长圆形，缝合线较深。平均单果重27.8克。果面、果肉均为橘红色。果面光滑无毛。果肉厚，质软，味甜，品质上等。离核，仁甜，种仁肥大。主要供制干；著名的“包仁杏干”即为本品所制。亦可鲜食。

树势强健，树姿直立，枝条密集，柔软。易成花，坐果率高，丰产性强。为优良的制干和取仁品种。

7. 串角滚子

主要产于山东省青州市。果实于7月中旬成熟。

果实卵圆形，平均单果重14.3克。果面果肉均为黄色，肉质较硬，甜酸适口。可溶性固形物含量为12%。离核，甜仁，种仁芳香，出仁率达38.5%，单仁重0.45克。

树势强健，树姿开张，枝条稀疏。适应性强，极丰产。是优良的仁用制干兼用杏品种。

（四）仁用优良品种

优良仁用杏品种的果实，应具备仁大、饱满、味甜、富含脂肪和蛋白质等多种营养成分，有一定量的维生素B_{17}（苦杏仁苷），果肉有利用价值，出仁率高等特点。

1. 龙王帽

又名大扁、大扁仁、大龙王帽等。原产于河北省涿鹿、怀来、涞水等县。果实在7月中下旬成熟。发育期为80～90天。为著名仁用杏品种。

果实长椭圆形，两侧扁，缝合线浅而明显，梗洼有3～4条沟纹。平均单果重 20～25 克，果面黄色，阳面微有红晕。果肉较薄，粗纤维多，汁少，风味酸，不宜鲜食。离核，核大，单核重约 2.9 克。种仁肥大饱满，香甜，单仁重 0.83～0.9 克，每千克为 1111～1205 粒。出仁率为 27％～30％。种仁含蛋白质 23％以上，粗脂肪 58.13％。

树势强健，幼树成形快，嫁接后 2～3 年即进入结果期。大小年结果现象不明显，丰产性强，树体经济寿命可达 70～80 年。对土壤要求不严，耐寒、耐旱性强。杏仁品质优良，可在华北、西北和东北地区的山地大面积栽培。

2. 一 窝 蜂

又名次扁、小龙王帽。主产于河北省涿鹿县。果实于 7 月下旬成熟。发育期 90 天。为优良的仁用杏品种。

果实长圆形，梗洼处有较深的沟纹 3～4 条。果顶较龙王帽为尖。平均单果重 10～15 克。果面黄色，阳面有红色斑点。果肉薄，粗纤维多，汁少，味酸涩，不宜鲜食。果实成熟后沿缝合线开裂。离核。出核率为 40％。单仁重 0.62 克，每千克约 1613 粒，出仁率为 30％～35％。仁饱满香甜，含粗脂肪 59.54％。

此品种结果早，易成花，极丰产。适应性强，抗寒，抗旱，适宜在偏远干旱的山区发展。

3. 超　仁

由辽宁省果树研究所从龙王帽的无性系中选出。

果实长椭圆形。平均单果重 16.7 克。果面、果肉均为橙黄色，肉薄，汁极少，味酸涩。离核，核壳薄。出核率为 41.1％。仁极大，比龙王帽增大 14％，味甜。含蛋白质 26.0％，粗脂肪 57.7％。丰产，稳产，1～10 年生树平均株产量比龙王帽增加 37.5％。5～7 年生树平均株产量为 57 千克。

此品种抗寒和抗病能力均强，能耐－34.5℃～－36.3℃低温。对流胶病、细菌性穿孔病与疮痂病等抗性较强。栽培中应注意球坚介壳虫的防治。最适宜的授粉品种为白玉扁和丰仁等。是有发展前途的抗寒、丰产、稳产和优质仁用杏优良新品种。

4. 丰　仁

由辽宁省果树研究所从一窝蜂的无性系中选出。果实于7月下旬成熟。

果实长椭圆形。平均单果重13.2克。果面、果肉均为橙黄色，肉薄，汁极少，味酸涩，不宜鲜食。离核，出核率为38.7%，仁厚，饱满，香甜。单仁重0.89克。种仁含蛋白质28.2%，粗脂肪56.2%。

此品种坐果率高，早果性好，极丰产。5～10年生树平均株产果实69.2千克，平均株产杏仁4.4千克，分别比龙王帽增加42%和38.5%。抗寒、抗病虫能力均强，是有潜力的仁用杏优良新品系。

5. 北山大扁

又名荷包扁、黄扁子、大黄扁。主要产于北京市怀柔、延庆、密云，以及河北赤城、滦平等地。果实于7月中旬成熟。发育期约80天。

果实扁圆形。平均单果重17.5～21.4克。果面、果肉均为橙黄色，汁少。离核，核较扁，中等大。仁大而薄，心脏形，味香甜。出仁率为27%，单仁重0.71克，每千克约有1 400粒。种仁含粗脂肪56%。

树势强健，耐旱性强，适宜土层较深厚的山坡地、梯田及沟谷中栽培，产量较高。是仁用杏发展品种之一。

三、优良砧木

根据各地多年的生产经验，生产上育杏苗，常采用本砧（也称共砧）和异砧两种形式。本砧主要有山杏、蒙古杏、辽杏、西伯利亚杏、藏杏和普通杏等。异砧主要有桃、李、梅和毛樱桃等。

山杏耐旱怕涝，实生苗生长快，嫁接杏成活率高，寿命长，对土壤适应性强，根癌病少，且种小仁饱，成苗率高，每千克种子有 800～900 粒，每公顷用量为 750～975 千克，可出砧木苗约 30 万株。蒙古杏、辽杏作杏砧，可提高抗旱和抗寒能力，但偶尔有小脚现象，多用于内蒙古和东北等地。西伯利亚杏作杏砧，不仅可提高抗旱和抗寒能力，而且还有矮化现象。藏杏抗寒力略低于西伯利亚杏，但抗旱力很强。普通杏作杏砧抗逆性较差，并且变异大，砧木苗生长不整齐。

桃作杏砧，幼树生长较快，进入结果期早，果实品质好，对盐碱和干旱抵抗力较强，但寿命稍短。有的砧木与接穗的接合部牢固性差。李作杏砧，有轻度矮化作用，但萌蘖很多。梅作杏砧，亲和力弱，嫁接成活率低，耐寒力也差。毛樱桃作杏砧，砧穗亲和良好，有矮化作用，但果实稍偏小。

第三章　杏苗标准化繁育技术

一、圃地标准及苗圃建立

（一）苗圃选址、规划与整地

1. 选　址

选择圃地不当，不仅会影响苗木的产量和质量，甚至会前功尽弃。苗圃地宜选择在地势平坦、土壤肥沃、土层深厚、地下水位在 1.5 米以下、排灌条件良好、土质疏松的中性壤土和砂壤土为宜。土壤过黏，易于板结，影响出苗和苗木的生长发育。苗圃地切忌重茬，重茬会导致病害的发生。凡培育过核果类树苗的地一般需要倒茬，间隔 3～4 年后才可以再作杏的育苗地。轮作物以豆类、牧草、薯类和蔬菜为好。

2. 规　划

苗圃地确定后，要根据圃地的任务和性质分区。现代化专业苗圃的分区主要包括资源区、繁殖区及辅助区。

（1）资源区　又称母本园。主要任务是提供繁殖材料，为良种圃提供果树优良品种的接穗；砧木圃提供优良砧木种子。

（2）繁殖区　根据所培育的种苗类型而分为实生苗培育区、嫁接苗培育区。为便于耕作管理，应结合地形划分成小区。小区一般长度不短于 100 米，宽度可为长度的 1/3～1/2。

（3）辅助区　辅助区的规划包括以下的内容：

①道　路　结合区划进行设置，要求四通八达，畅通无阻。主干路为苗圃中心与外部联系的主要通道，宽度为6米左右。支路宽3～4米，作业路宽在2米以内。

②排灌系统　杏园排灌系统应沿主要道路设置。利用河流、塘坝与水库等进行自流灌溉时，渠道应高于苗圃地，其比降通常不超过0.1%，以减少冲刷。如需地下水灌溉时，一般3.3公顷地打一眼水井。从节水、提高土地利用率和保持水土的角度出发，应逐步发展喷灌和滴灌。低洼易涝地区，应开设排水沟。

③防护林　苗圃周围应建立高大宽厚的绿色林网，以营造适宜的小气候条件，防止苗木受风沙危害。

④房舍建筑　包括办公室、宿舍、农具室、贮藏室及厩舍等。应选位置适中、交通方便的地点建筑。

3. 整　地

苗圃地要施足基肥，适当深耕，精细整地。秋天进行深耕，深度在30厘米以上。耕后经过一个冬天的风化，不但有利于土壤熟化，而且还可减少地下害虫。春天耕作以前，每667平方米施充分腐熟的优质有机肥4 000～5 000千克，并同时施入20～30千克过磷酸钙。耕后要及时耙平，做到地平土细，土肥均匀。土地平整之后做畦，畦宽1米，长度应以方便排灌水为宜。畦做好后，即可准备播种。

（二）砧木种子的采收与保存

用作育苗的种子，必须到果实充分成熟后再采收。果实采收后，要及时剥去和洗净核表面的果肉，严禁果实堆放，以免造成因果肉腐烂、温度升高、含氧量减少和水分不易散失而烂种的现象。洗净的种核应放在背阴处晾干，防止因日光暴晒、种子过量失水而降低生命力。晾干的种核，要放置在干燥通风的地方贮藏。

充分成熟的种核表面鲜亮，核壳坚硬；种仁饱满，剥开后呈白色。若核壳发乌，种仁变黄或瘪瘦，则发芽率、出苗率均低，即使出苗也不健壮。因此种仁不宜做种子用。

（三）砧木种子的处理

杏种核需经0℃～5℃的低温处理一段时间后，才能裂核，并使种子发芽。必要时，可将当年采收的种核放在0℃～4℃的低温下贮藏两个月后，播于温室；当年种子也可萌发并能成苗。

目前，生产上主要是利用冬季自然低温，进行种核处理。种核是否裂口，是保证种子发芽的关键。采用人工破壳技术，也可促使种子发芽。种子处理的几种具体方法如下：

1. 层积沙藏

准备春播的种核，应于冬季进行沙藏。沙藏的方法是：先将种核用清水浸泡3～4天。浸泡时，要进行搅拌，漂洗除去杂物及瘪核，浸泡过程中要换水1～2次。然后，将种核与湿沙按1∶3的比例混拌均匀。湿沙含水量为60%～70%，即以手握成团、松手即散开为宜。将混拌好的种核埋在背阴的土坑或其他容器中。沙藏坑深度应根据当地冻层厚度而定。以种核埋在冻层中较好，过深起不到低温层积作用，过浅种子易提前萌芽，播时胚根胚芽长易受损而影响出苗率。

沙藏坑应注意防鼠，可在四周用细眼铁丝网罩住，或投放毒饵。若种核量大，可在坑内直插几束秫秸把（或草把），以利于通风散热，防止种子发霉。沙藏过程中，应检查1～2次，及时拣出霉烂种核，并掺入少许干沙，以降低湿度。当大部分种核裂开、种仁露白时，即可取出播种。沙藏时间视砧木种类而异。在0℃～5℃条件下，沙藏的时间，杏核为30～50天，桃核需60～90天。

2. 开水处理

来不及沙藏时，可在播种前20天左右，将种核用开水烫种，并不断搅动，待水凉后浸泡1～2天，捞出后堆放在背风向阳(气温在20℃～25℃)的地方，上盖湿草袋或湿麻袋保温保湿。前期每隔1～2天洒一次水，后期每天洒1～2次水，并经常翻动，待种核裂口后即可播种。

3. 破核催芽

在播种前10天左右，将种核砸开(种皮不可碰破)，取出种仁，用清水浸泡1～2天；再将种仁与湿沙以1∶3的比例拌匀，置于20℃～25℃的条件下催芽。也可用火炕催芽，即在火炕上先铺一层湿沙，厚为3～5厘米。然后将拌好的种仁铺在上面，厚为10～15厘米，其上再盖一薄层湿沙后，均匀加温，经过4～5天即可发芽。此法出芽整齐，出芽率比沙藏可高5%～10%，但较费事。

处理过的种核，其春季裂口的多少，是种子质量优劣和层积效果好坏的标志。若春季温度适宜，种核仍不能裂口则说明种仁已失去发芽能力。

(四)播　种

播种期分春播、夏播和秋播三个时期。生产上主要采用春播。

1. 春　播

春季土壤解冻后，将经过层积处理或催芽处理后的种子，在整好的苗圃地上开沟播种，播种深度为5厘米左右。具体的深度视土壤种类和土壤湿度而定。种间距为10厘米左右。播后覆土踏实，使种子与土壤密切接触，并将表土耙松1～2厘米，以利于保墒。在出苗前不宜浇水，以免降低地温，延迟出苗，而且土壤太湿易发生立枯病。一般播后经过15～20天即可出苗。为了保温保墒，提早5天左右出苗，有条件的可用地膜覆盖。其方法是，在苗圃地上按地膜宽度做畦，膜宽一般为90厘米，则做畦宽70厘米，埂宽10厘米，埂高5～6厘米，地膜覆盖在畦面上，两边分别用土压在埂上，并扯紧，使地膜与畦面有一定的空隙，不仅可保温、保湿，还可避免烧苗。

2. 夏　播

夏播，是将当年采收的种子，经低温或破核处理后，在夏季播种。北方地区的早熟品种，在6月中下旬露地播种，当年苗可达到嫁接要求。

3. 秋　播

在当年秋季至土壤封冻前进行。秋播可省去层积处理或催芽过程，简便易行，而且翌春出苗早，苗壮。秋播开沟应比春播深些，一般为5～10厘米。播前最好用农药拌种，以防鼠害。

播种量应根据砧木种核的大小而定。每667平方米用大粒山杏核30千克，用小粒山杏核20～25千克，山桃核20～40千克，毛桃核25～50千克。

无论哪个时期播种，苗圃地均应选择土层肥厚，不积水但有灌溉条件的地段，并应事先耕翻30～40厘米深。要施足底肥，每667平方米施土粪4 000～5 000千克，若能混施适量的磷酸二氢钾，则效果更好。苗圃地切忌重茬。否则，苗木生长细弱，病害严重，还会引起大量死苗。因此，必须进行轮作倒茬，一般年限最少在3年以上。轮作作物以豆类、牧草、薯类和蔬菜为好。

二、嫁接壮苗的培育

(一)砧木实生苗的管理

砧木幼苗出齐后，要及时松土，尽早间去有病虫、过密和弱小的幼苗。间苗一般要进行2～3次，最后定苗。间苗后，应保持3～5厘米的株距。若缺苗，可用带土移栽法及时补齐。每次间苗后，要及时浇水弥缝，防止漏气晾根。定苗时保留的幼苗数，要略大于预计的产苗数。

在实生苗的生长过程中，要加强肥水管理和病虫害防治工作。北方地区春天气候干旱，应注意土壤墒情，出现干旱，即应及时灌水。一般一年灌水3～5次，追肥2～3次。前期应施氮肥，每次每667平方米施用量为5～10千克，撒施、沟施与根外追肥(喷施)均可。根外喷洒可用0.3%～0.5%的尿素溶液。8月中旬以后禁止追肥，以免苗木徒长，推迟休眠期，造成冬季抽条。当幼苗长出4～5片真叶时，应开始灌水。灌水不宜过早，也不宜过多，以免发生病害或徒长。中耕除草一般在施肥浇水后或降雨后进行，以防止杂草生长与杏苗争夺水、肥和光照。晚秋进行摘心，可促进组织成熟并老化，控制秋梢生长，有利于越冬。8～9月份，苗高80～100厘米时，当年可进行芽接。

(二)嫁接苗的培育

1. 接穗的采集和贮运

采集接穗的母株，必须具有品种纯正、树势强健、丰产、稳产、优质和抗逆性强等优良性状，无检疫对象。应选用树冠外围生长健壮、芽子饱满的发育枝作接穗。春季枝接或芽接，用发育充实的一年生枝上的饱满芽。进行夏、秋季芽接，选用当年生新梢上的充实芽。生长季接穗采下后，应立即剪除叶片，将叶柄保留约1厘米长，每50～100根为一捆，每捆上挂上标签，注明品种和采集时间等。若马上嫁接，可用湿布包裹或将接穗立即放于水桶内，桶内清水深约5厘米，接穗上部覆盖湿布。接穗若需贮藏，则应将其放在潮湿、冷凉和变温幅度小而通气的地方或窖内，将接穗下部插入湿沙中，上部盖上湿布，定期喷水，保持湿润。最好是随采随用。将秋冬季采下的接穗可放入窖内，一层湿沙一层接穗进行贮藏。也可将接穗放入背阴处的沟内。若要长途运输，则应用湿蒲包、湿麻袋等包裹接穗，快速装运，途中应注意喷水和通风，以防枝条失水或发霉。运达目的地以后，应立即将接穗取出，用凉水冲洗；然后用湿沙覆盖存放于背阴处或窖内。

2. 嫁　接

根据取用接穗部位的不同（芽或枝），杏嫁接可分为芽接和枝接。芽接有"T"字形芽接和带木质部芽接等；枝接有劈接、切接、腹接和根接等。苗圃育苗及建园后的小树，多采用芽接。大杏树改接一般采用切接、劈接或腹接。

(1)"T"字形芽接　从5月下旬至9月份，接穗和砧木都容易离皮时，可进行"T"字形芽接，但需避开阴雨天，以免接后流胶，影响成活。操作方法是：先在接穗饱满芽上方约0.5厘米处横切一刀，深及木质部，再于芽下方1厘米处，带木质部斜削至超过芽上方横切口，用拇指侧向轻轻推芽，即可取下完整的芽片。将芽片立即含在口中，同时在砧木距地面5～10厘米处切成"T"字形切口，用芽接刀将切口两边皮层撬开，迅速将芽插入，使接芽上端与砧木横切口密接，最后用塑料条从上向下地将接口绑紧，外面只露叶柄(图 3-1)。

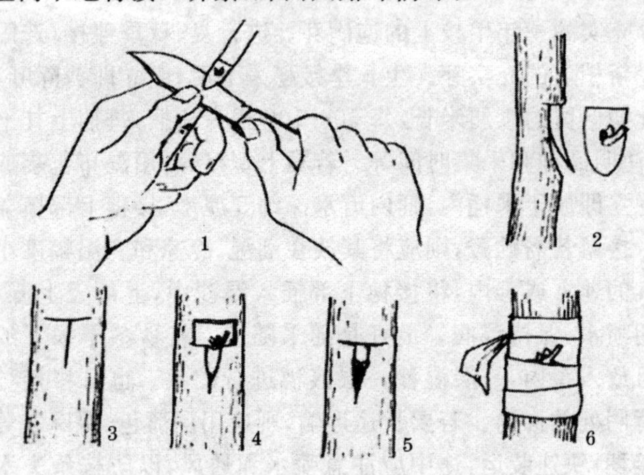

图 3-1 "T"字形芽接

1. 削芽片　2. 取下的盾形芽片　3. 砧木切口
4. 插入芽片　5. 芽片嵌入　6. 绑缚

(2) 带木质部芽接　其操作方法是，倒拿接穗(芽尖向下)，用芽接刀在芽的上方 0.5 厘米处向芽的下部斜削，深度为稍带木质部，最好不超过 1 毫米至芽的下方 0.8～1.0 厘米处。然后在芽的下方斜着削一刀，深度至第一刀的削面，将盾形芽取下。根据接芽的大小，在砧木距地面 5 厘米处由上向下斜削一刀，再横切一刀与第一刀相交，将接芽尖朝上贴在砧木的切口上，使接芽和砧木的形成层对齐(两侧或一侧)，然后用塑料条由下向上缠紧系好(图 3-2)。为提高此法嫁接的成活率及成苗率，操作过程中应注意以下几个方面：

第一，接穗粗度与砧木粗度应一致或接穗粗度稍细于砧木粗度。否则，形成层无法对齐，不利于接口愈合。

第二，绑塑料条时，要将接口包住、扎紧，以免接芽被风

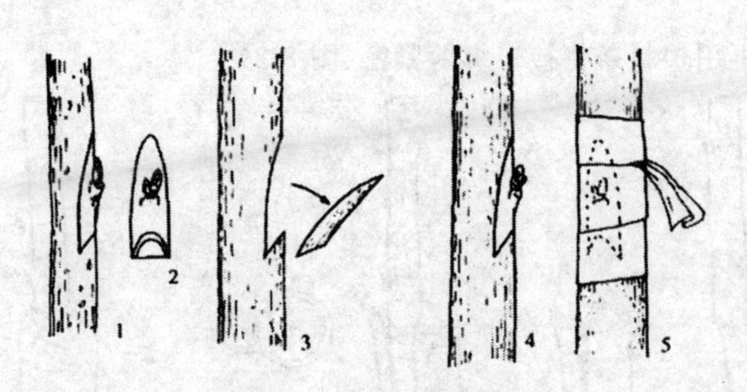

图 3-2 带木质部芽接

1. 削芽片 2. 芽片正面 3. 砧木切口 4. 插入芽片 5. 绑缚

干，或雨水渗入嫁接口，使接芽腐烂。雨天不宜嫁接。

第三，夏、秋季芽接易从接口流胶的地区，应改为春季进行嫁接，以便提高嫁接成活率。

第四，春季风大的地区，接芽应接在迎风面处。接芽抽枝后应及时绑缚，以免接芽被大风从接口处劈裂。

第五，嫁接刀的刀刃一定要锋利，削面要呈平、滑、净状态。当刀削面出现白茬发毛时，则应及时把刀磨快。

第六，嫁接前 5 天左右，应对砧木浇一次水。接穗基部所剪新茬应吸水 12～24 小时。若刚下过雨或土壤墒情较好，也可免浇。这样做，主要是使砧木和接穗体内水分充足，以便于细胞分裂，接口愈合。

(3)切　接　这是应用较广的枝接方法。嫁接时间在早春萌芽前。适用于粗 1 厘米左右的砧木。接穗通常长 5～8 厘米，下部削成两个斜面，上部具 1～2 个芽。长面在顶芽的同侧，长 3 厘米左右，另一面长 1 厘米左右。在任一高度选择粗壮、生长势强的枝条作砧木，并剪断，削平断面，于木质部的边缘向下直切，切口长度与宽度和接穗的长面相对应。将接穗插入切口，并使形成层对齐，将砧木切口的皮层包于接穗外面，再用塑料条将接口绑缚紧密（图 3-3）。

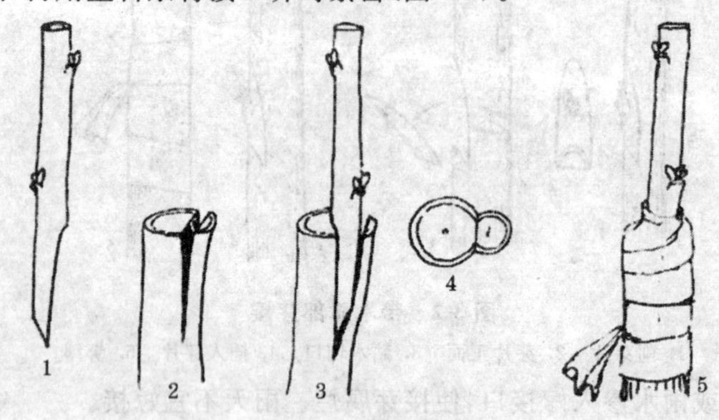

图 3-3　切　接

1. 削接穗　2. 砧木切口　3. 插入接穗　4. 砧穗结合俯视图　5. 绑缚

(4)劈　接　这是在砧木较粗的情况下采用的枝接方法。接穗长度为具有 2～4 个芽，在芽的左右两侧各削一个长约 3 厘米的削面，使之形成楔形，并且有顶芽的一侧较厚，另一侧较薄。截去砧木上部，削平断面，于断面中心处垂直下劈，深度与接穗削面相同。将削好的接穗插入劈口中，使外侧的形成层对齐。接穗削面上端应高出砧木切口 0.1 厘米。再用塑料条将嫁接部位绑缚紧密（图 3-4）。最后将接穗上的接口用蜡或塑料薄膜密封好，以防失水降低成活率。

(5)腹　接　此法常用于树冠大枝之间空间太大或主干太高时的品种补接，使之形成完整的树冠。在杏树萌芽时进行。方法是：采用 1 年生枝条作接穗，在砧木上准备嫁接的部位用刀斜切一个切口，深达砧木粗度的 1/3，切口长 2～3 厘米。将接穗小段顶芽一侧的茎部斜向削一个削面，削面长度与砧木切口长度相等。然后在此削面的背面再削一个约 1 厘米长的小斜面。然后用手轻轻推开砧木，将接穗插入，使长削

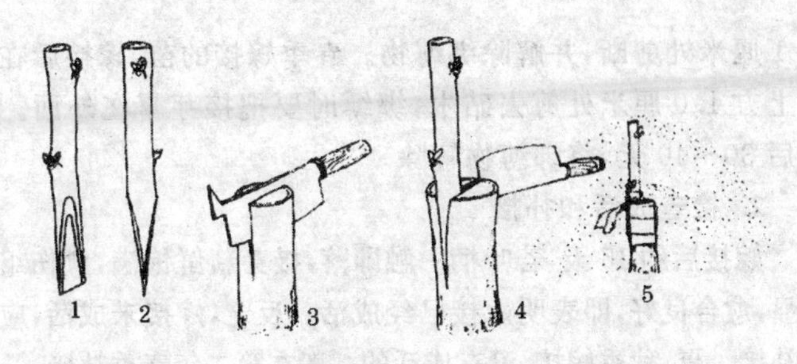

图 3-4 劈 接

1,2. 削好接穗的正、侧面 3. 劈砧木 4. 插入接穗 5. 绑缚

面紧贴砧木木质部，两者的形成层对准，最后用塑料条绑紧接口（图 3-5）。

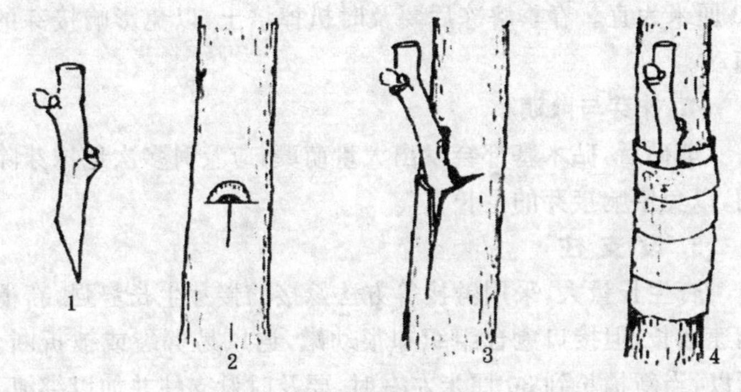

图 3-5 腹 接

1. 削好的接穗侧面 2. 砧木切口 3. 插入接穗 4. 绑缚

（三）嫁接苗的管理

壮苗是杏树早果和丰产的基础，因此加强管理，培育健壮嫁接苗至关重要。

1. 剪砧与解绑

夏、秋季嫁接的苗，翌春叶芽开始萌动时，将砧木从接口上 1 厘米处剪断，并解除绑缚物。春季嫁接的苗，嫁接后在接口上方 1.0 厘米处剪去砧木，绑缚时要把接芽露在外面。嫁接后 30～40 天，将绑缚物解除。

2. 检查成活和补接

嫁接后约 15 天，若叶柄一触即落，接芽新鲜饱满，愈伤组织明显，愈合良好，即表明嫁接已经成活。反之，嫁接未成活，应及时补接。夏、秋季嫁接，没有成活的一般在第二年春季补接。

3. 培土防寒

夏、秋季嫁接，接芽当年不萌发。在冬季严寒干旱地区，为防止接芽受冻，在封冻前应培土防寒。培土以超过接芽6～10 厘米为宜。春季解冻后要及时扒掉培土，以免影响接芽的萌动。

4. 抹芽与除萌

剪砧后，砧木基部会发出大量萌蘖，应及时多次地抹芽除萌，以免影响接芽的生长。

5. 设支柱

杏生长量大，采用劈接等方法嫁接的接芽生长势强，新梢迅速增长，但接口愈合组织却很幼嫩，遇风易劈裂或被折断。所以，当新梢长到 30 厘米左右时，要及时设支柱并加以绑缚。

6. 松土除草及病虫害防治

嫁接苗苗圃的松土除草和病虫害防治，其方法同实生苗管理。

7. 整 形

直播建园的砧木嫁接好品种后，在夏季接芽生长高度超过定干高度时，可在主干饱满芽处摘心，促其下部芽发枝，达到成形快、减弱幼树生长势的目的。北方地区一般在 6 月上旬至中旬定干。

三、苗木标准及苗木出圃与运输

（一）杏苗木质量标准

规范杏苗木质量标准是保证苗木质量，提高苗木商品化的基础。其质量分级标准如表 3-1 所示。

表 3-1　杏苗木质量分级标准

项　目	等　级	
	Ⅰ级苗	Ⅱ级苗
苗　高	≥120cm	≥100cm
苗基径	≥1.2cm	≥1.0cm
苗干和根部颜色	正　常	正　常
侧根数	≥5 条	≥3 条
侧根基部粗度	≥0.5cm	≥0.4cm
侧根分布	均　匀	基本均匀
侧根长度	≥20cm	≥15cm
木质化程度	良　好	良　好
嫁接部位愈合程度	完全愈合	完全愈合
整形带芽饱满度	饱　满	饱　满
机械损伤	无	无
砧　木	杏	杏

（二）苗木出圃

1. 起苗出圃

在当年秋末落叶后或第二年春季萌芽前起苗出圃。起苗前，若苗圃地太干旱，应先浇一遍水，待2～3天后再起苗。起苗时，不要伤大根，也切忌生拉硬拽。苗木出土后，应将其置于背阴处，及时覆土埋根，防止根系受强光晒、风吹和冻伤。待苗木起完后，将其运往贮藏地点假植或定植。

2. 苗木分级

起苗后，按苗木质量标准进行分级和绑捆。捆绑时，每50棵作一捆，在每捆根系和苗木中部各系一圈，并扎紧。不符合规格的苗木不要出圃，可移栽别处另行培养。出圃苗木按不同品种和规格等级系上标签，以免在运输或假植过程中发生混杂。

（三）苗木运输

1. 苗木包装及运输

凡运往外地的苗木必须包装，每50棵为一捆。苗木根系要用蒲包和草袋等进行包装。根系间要填充湿润稻草或湿润锯末等，最后用绳捆紧。运输中一定要用帆布篷盖严，防止风吹、日晒和寒害，造成苗木失水或受冻。外运苗木必须经当地植物检疫部门检疫，按规定办妥检疫证书。

2. 苗木假植

秋季起出的苗木，若当年秋季不能定植，或当年秋季购来苗木、准备翌春定植时，必须在土壤冻结前进行假植。假植方法因地而异。在北方寒冷地区，常用全株埋土法假植。其方法是：在背风干燥、平坦、排水良好的地方，挖一条假植沟，沟宽1～1.5米，深0.6～1.5米，长度随苗木数量而定。在沟底先铺一层10～15厘米厚的河沙，将苗梢朝南斜放在沟中。放一层苗木，培一层湿土，在苗木根间需要培些湿土，全株用湿土培上，苗间最好不留空隙，最后用土盖严。翌春定植时，再分层将苗木挖出。假植沟内不能浇水，否则容易烂根。我国中部黄河故道是砂壤土地区，由于土壤通透性好，冬季气温比北方寒冷地区稍高。所以，苗木假植沟底部不需再埋湿沙，也不需全株埋于土中防寒，只要将成捆的苗木成排直立埋在60～80厘米深的沟内即可。但是，根系与土壤一定要紧密接触，并使土壤始终保持有一定的湿度。若土壤干旱时，应及时进行灌水。

第四章　杏标准化建园技术

一、园址选择

（一）一般要求

杏树根系为直根系，由主根、侧根和须根组成，具有固地、吸收、运输、合成和贮藏营养物质等功能。杏树的根系，在土壤中成层性分布。实生树和以实生杏、山杏为砧木的根系一般有二层，近地表的一层角度较大，数量较多，向水平方向扩展，常分布在 20～60 厘米深处的土层中。深层的根角度较小，几乎垂直向下，可深达 7 米以上，所占比例为 10%左右。主侧根上均分布有许多须根，是吸收水分和养分的主要部分，它在水平根上着生的较多。

杏树的根系非常发达，根冠比为 5.07，是苹果树根冠比 1.17 的 4 倍。正是由于有强大的根系，才使杏树具有很强的抗旱能力，对于干旱的生态地理环境有较强的适应性。

不同的土壤质地，对杏树根系的发育及其在土壤中的分布有显著的影响。栽植在砂土地、壤土地和重黏质土壤中的杏树，其大多数根系垂直分布深度分别为 10～70 厘米和10～50 厘米，根系集中分布区域分别为 20～60 厘米和 10～40 厘米。砂土地透气性强，保肥保水能力差，不利于根系生长，10～20 厘米的表土层中根系量较少，根系垂直分布较深；重黏质土透气性差，较深土层中含氧量较少，不利于根系生长，

40 厘米以下根系数量较少、分布较浅。砂土和重黏质土壤比壤土的根系集中分布范围均较小，对杏树的生长及抗逆能力有一定的影响。一般而言，土壤中空气含量保持在 60%左右对杏根系的生长较为适宜。重黏质土壤及低凹潮湿的土壤，若长期持水，根系易腐烂。偏酸性土壤，即土壤 pH 值在 5.5～6.0，对杏根系生长比较合适。

山地、平原都可以栽杏，但不是任何地方栽杏都可获得高的经济效益。杏开花较早，有些地方花期易遇晚霜，造成花期受冻而减产或绝产。如盆地、密闭的槽形谷地和山坡底部等因空气流通差，冷空气下沉易集结而不易流散，降霜频率较高，故不宜栽杏。山区发展杏，杏园应选择在上述地形的中部或中上部较宜。杏抗涝能力也较差，平原地区建杏园应避开低洼地和地下水位较高的地方。

杏果不耐运输。杏园应建在交通方便的地方。即园址应靠近公路，靠近城市，临近市场等，以减少运输中的损失。加工品种杏园也宜建在加工厂附近。

新建杏园应避开核果类迹地，即不要在种过桃、杏、李、樱桃的地方建园，以免再植病的发生。若实在避不开，应进行土壤深翻，清除残根，客土晾坑，增施有机肥。有条件时，应进行定植穴或定植沟的土壤消毒，绝不可在原定植穴栽植杏树。其消毒方法是：边往定植穴或沟内填土，边喷 37%甲醛溶液。喷后用地膜覆盖，以杀死土壤中的线虫、真菌、细菌与放线菌等。或用 70%溴甲烷，每平方米土壤放入 100 克溴甲烷，也可起到土壤消毒作用。

此外，干旱地区建杏园时应选择有一定灌溉条件的地方。杏园最好不要建在瘠薄的土壤上，因为在这种土壤上树体生长不良，产量较低。

（二）环境质量标准

进行杏标准化生产，所选择的园址，应该具有良好的生态条件，符合国家的相关行业标准，可以生产安全、优质、无公害的杏果。

1. 产地环境空气质量标准

选择杏无公害标准化生产地的空气环境质量应符合NY/T 391的要求（表4-1）。

表4-1 空气中各项污染物的浓度限值

项目		浓度限值	
		日平均	1小时平均
总悬浮颗粒物（标准状态，毫克/米^3）	≤	0.30	—
二氧化硫（标准状态，毫克/米^3）	≤	0.15	0.5
二氧化氮（标准状态，毫克/米^3）	≤	0.12	0.24
氟化物（标准状态，毫克/米^3）	≤	7	20
		1.8	—

注①日平均，是指任何一日的平均浓度　②1小时，是指任何1小时的平均浓度

2. 无公害杏的土壤环境质量标准

生产无公害杏的园地，其土壤环境质量应符合表4-2的标准。

表4-2 土壤中各项污染物的含量限值

项目		含量限制		
		pH值<6.5	pH值6.5～7.5	pH值>7.5
镉（毫克/千克）	≤	0.30	0.30	0.60
总汞（毫克/千克）	≤	0.30	0.50	1.0
总砷（毫克/千克）	≤	40	30	25
铅（毫克/千克）	≤	250	300	350
铬（毫克/千克）	≤	150	200	250
铜（毫克/千克）	≤	150	200	200

3. 无公害杏生产的灌溉水质量标准

生产无公害杏的园地，其灌溉水质量应符合表 4-3 的标准。

表 4-3 无公害杏的灌溉水质量

项　　目		浓度限值
pH 值		5.5～8.5
总汞(毫克/升)	≤	0.001
总镉(毫克/升)	≤	0.005
总砷(毫克/升)	≤	0.10
总铅(毫克/升)	≤	0.10
铬(六价)(毫克/升)	≤	0.10
氟化物(毫克/升)	≤	3.0
氰化物(毫克/升)	≤	0.50
石油类(毫克/升)	≤	10

二、杏园标准化规划

(一)道路的建设

杏园的道路系统应以建筑物为中心，以便于全园的管理和运输。道路由干路、支路和小路组成。干路贯穿全园，并与公路、包装场等相接。山地杏园的道路可成“之”字形绕山而上，上升的坡度不要超过 7°。主干路路面宽 6～8 米。支路是果园小区之间的通路，需沿坡修筑，路面宽 4～6 米。小路又称作业道，是田间作业用道，供行驶小车或机动喷雾器等，路面宽 2 米左右。

包装场要尽可能设在杏园的中心位置，药池和配药场宜设在交通方便处或小区的中心。如山地杏园，畜牧场应设在积肥、运肥方便的稍高处；包装场和贮藏库等，应设在稍低处，而药物贮藏室则应设在安全的地方。

（二）灌溉排涝系统的建立

建立杏园灌溉系统，可选用沟灌、喷灌和滴灌三种方式。

1. 沟　灌

杏园内的渠道分为干渠、支渠和毛渠。三者要相互配合，位置要高，控制面积要大，要照顾小区的形式和方向，并与道路系统相结合。输水渠道距离要短，渗透量要小。干、支渠流速要适中，一般要求干渠的比降为 1/1 000，支渠的比降为 2/1 000。山地杏园的渠道，应结合水土保持，沿等高线按一定比降修筑。一般可以灌排兼用。

渠道的深浅和宽窄，应根据水的流量而定。平地杏园的主渠道与支渠道呈“非”字形，山地杏园支渠道与主渠道呈“T”字形。渠道的长短按地形、地块设计，以每块地都能浇上水为准。山地杏园高差大的地方，要修跌水槽，以免冲坏渠道。渠长超过 100 米时，无论是山地还是平地，都要注意防渗漏。

2. 喷　灌

喷灌有三种方法：一是喷头装在树冠下部，只喷本树盘。其特点是需水量小，叶片不接触水滴，不易发生病害；二是高压喷头装在运输道旁，喷射半径大，一般在杏园苗圃使用；三是喷头高出树冠。此方式需水量大，叶片接收水分多，易发生病害。但在春季可防晚霜危害，夏季可以降低树冠内的温度，防止土壤板结。喷灌的管道可以是固定的，也可以是活动的。

活动式管道一次性投资小，但用起来麻烦。固定式管道不仅用起来方便，而且还可以用来喷药，起到一管两用的作用。即使喷药条件不具备，也可以用于输送药水。尤其是山地果园，在不加任何动力的情况下，就可以把药水送遍全园。

3. 滴　灌

滴灌是通过一系列的管道，把水一滴一滴地滴入土壤中。设计上有主管、支管、分支管和毛管之分。主管直径为 80～100 毫米，支管直径为 40～50 毫米，分支管细于支管，毛管最细，直径为 10 毫米左右。分支管按树行排列。每行树一条，毛管每棵树两边各一个。滴灌的用水比渠道灌溉节约 75%，比喷灌可节约 50%。国内杏园滴灌输水管，均是直接铺设在杏树行间，滴头直接插入树冠下的土壤中。国外输水管是挂在果树株间距地面 60～75 厘米高的铁丝上，每株树干旁有一滴头，水从高于地面 60 厘米左右的滴头滴入树干基部，或是从输水管延伸出带滴头的橡皮管，直接插入树干基部地面。

4. 排　水

杏园排水分明沟排水和暗沟排水两种。排水沟一般与道路相邻，排水沟的比降一般为 0.3%～0.5%。山地丘陵地的梯田，其排水沟应修建在梯田的内沿。盐碱地应设置排碱沟，其深度应超过当地地下水位。

（三）防护林的设置

我国北方春季多风，而且风速快。此时，正值杏树开花季节，大风会阻碍昆虫传粉，吹干杏花柱头，影响授粉受精。营造防护林可降低风速，减少风害、调节温湿度、减轻和避免花期冻害，提高坐果率。在没有建立起农田防风林网的地区建园，都应在建园之前或同时，营造防风林。那种认为防风林占地无用的想法是错误的。

防风林带的有效防风距离，为树高的25～35倍，由主、副林带相互交织成网格。主林带是以防护主要有害风为主，其走向垂直于主要有害风的方向。如果条件不许可，交角在45°以上也可。副林带防护其他方向的风，与主林带垂直。

设置防护林应选择适应当地自然条件的树种，结合当地水土保持、防风固沙等农田基本建设进行。山地杏园的防护林，应建在园地的风向上缘，平原地区杏园的防护林，应建在杏园易受危害性风影响的方向。在风沙大的地区，应建防护林网，即在主风向上栽植乔木和灌木组合的不透风主林带；与主林带相垂直，栽植乔木组成的副林带，副林带可与园中行道树统一起来。山谷坡地营造防风林时，由于山谷风的风向与山谷主沟方向一致，主林带最好不要横贯谷地，谷地下部一段防风林，应稍偏向谷口且采用透风林带；这样有利于冷空气下流；在谷地上部一段，防风林及其边缘林带，应该是不透风林带。而与其平行的副林带，应为网孔式林型。防风林的结构可分为两种：一种为不透风林带，组成林带的树种，上面是高大乔木，下面是小灌木，上下枝繁叶茂。不透风林带的防护范围仅为10～20倍林高，防护效果差，一般不选用这种类型。另一种是透风林带，由枝叶稀疏的树种组成，或只有乔木树种，防护的范围大，可达30倍林高，是杏园常用的林带类型。

林带的树种，应选择适合当地生长、与杏树没有共同的病虫害、生长迅速的树种。同时，要防风效果好，具有一定的经济价值。林带由主要树种、辅助树种及灌木组成。主要树种应选用速生高大的深根性乔木，如杨树、洋槐、水杉、榆、泡桐、沙枣和梧桐等。辅助树种可选用柳、枫、白蜡以及部分果树与可供砧木的树种，如山楂、山丁子、海棠、杜梨和桑等。灌木可用紫穗槐、灌木柳、沙棘、白蜡条、桑条和柽柳等。结合护果的作用，林带树种也可用枸杞、花椒、皂角和玫瑰花等。

林带的宽度，主林带以不超过 20 米、副林带不超过 10 米为宜。其株行距，乔木为 1.5 米×2 米，灌木为(0.5～0.75)米×2 米。树龄大时可以适当间伐。

林带距离杏树，北面应不小于 20～30 米，南面应不小于 10～15 米。为了不影响杏树生长，应在杏树和林带之间挖一条宽 60 厘米、深 80 厘米的断根沟。断根沟可作排水沟用。

大型杏园主林带间的距离一般为 300～400 米，若气候恶劣，也可为 200 米左右。副林带间的距离一般为 500～800 米。主林带一般为 5～8 行树组成，副林带为 2～4 行树。栽植时的株行距，乔木为(1～1.5)米×(2～2.5)米，灌木为 1.0 米×2.0 米。面积较小的杏园，只在主风向上营造防风林，或将边行的杏树行株距加密，即可起到防风林的作用。

辅助设施果园应规划生活管理用房、包装场、药物配制室、生活用水电设施及养猪、养鸡厂等。

三、标准化整地

建园前要特别重视园地改良，尤其是山地和丘陵地，要采取有效的水土保持措施，为果树创造一个适宜的生长环境条件。先改土，后栽树，是为提早进入丰产期，实现持续高产、稳产、优质栽培目的的前提。

(一)山地杏园整地

1. 修建等高梯形地

坡度为 5°～25°地带建立杏园时，宜修筑等高梯形地。等高梯形地的优点是：可变坡地为平台地，能减弱地表径流，有效地控制水土流失，为耕作、施肥和排灌提供方便，同时梯地内能有效地加深土层，提高土壤水肥保持能力，使根系发育良好，树体健壮生长。

等高梯形地由梯壁、边埂、梯地田面和内沟等构成。梯壁可分为石壁和土壁。以石块为材料砌成的梯壁，多砌成直壁式，或向内倾斜与地面成60°～75°的角度，外高内低。以黏土为材料砌成的梯壁，多采用斜壁式，保持梯壁坡度为50°～60°。土壁表面要植草护坡，防止雨水冲刷。

修建前应先进行等高测量，根据等高线来砌梯壁，要求壁基牢固，壁高适宜。一般壁基深1米，厚50厘米，砌壁的位置要充分考虑坡度、梯田宽度和壁高等因素，以梯田面积最大、最省工，填挖土量最少为原则。砌梯壁与坡上部取土填于下方并夯实同步进行，即边砌壁边挖填土，直至完成计划田面。在田面内沿挖成较浅的排水沟（也称内沟），将挖出的土运至外沿筑成边埂。埂宽40～50厘米，高10～15厘米。定植于田面外侧的1/3处，既有利于果树根系生长，又有利于主枝伸展和通风透光。梯地田面的宽窄，应依具体条件来确定，如坡度的大小、施工难易和土壤的深浅等。

2. 修筑鱼鳞坑

在坡度较大或土壤中乱石较多的地带，以及不宜修筑梯田的山坡上，可修筑鱼鳞坑。按等高线以株距为间隔距离定出栽植点，并以栽植点为中心，从上部取土，修成外高内低的半月形土台，土台外缘用石头砌成，拦截雨水。

鱼鳞坑的大小对树体的生长发育有一定的影响。坑大，熟土深厚，杏树生长发育健壮。因此，鱼鳞坑的修建要依坡度大小和土层厚薄，因地制宜地进行。一般鱼鳞坑长1.6米，宽

1.2米,深1.0米。

3. 构筑等高撩壕

这是缓坡地带适用的水土保持的一种简易方式。进行时,按等高线挖成横向浅沟,下沿堆成壕,树苗定植于壕外侧上部。由于壕土较厚,沟旁水分条件较好,因而有利于树的生长。撩壕具有削弱地表径流、蓄水保土和增加坡面利用率等作用。一般坡度越大,壕距则越小,如坡度角为10°的坡,壕距为5～6米;为5°的坡,壕距为8～10米。比降为1～3/3000,以利于排水。沟宽50～100厘米,沟深30～40厘米,沟底每隔一定距离做一小坝,以起到蓄水作用。水少时,全部蓄在沟内;水多时,漫出小坝,可顺沟缓流,以减少地面径流。

(二)砂地杏园整地

砂地建杏园前,首先要搞好土地的平整。砂地一般缺少植被覆盖,易遭受风蚀,不易保持水土。平整地面后,有利于水土的保持。其次是改良土壤。在灌区内有含泥沙量大的河流,可用引水灌淤的方法改良土壤。据测定,黄河水携带的泥沙,养分较高,每1000千克含氮1千克,磷1.5千克,钾肥20千克,有机肥8.6千克,引水灌淤后,可有效地提高土壤肥力。灌淤之后,要深翻土地,使淤和砂充分混合形成砂壤土,提高保水保肥能力。在没有灌溉条件的砂地,可以用客土法进行改良。其方法是,于定植前挖成1米见方的树坑,填入好土后再进行植树。

对于盐碱地的改良,要综合运用农、林、牧、水等技术措施。主要措施有:营造防风林、灌淤压碱、沟渠台田、增施有机肥料和种植耐盐碱绿肥作物等。耐盐碱的绿肥作物,有苜蓿、田菁、草木樨和紫穗槐等。

四、标准化栽植

（一）品种的选择

新建杏园时，要选早果、丰产、抗性强与果实综合性状优良的新、优杏品种。只有这样，才会获得理想的经济效益。一个商品性杏园产量的高低，果实品质的优劣，经济效益的大小，在很大程度上取决于品种本身。在同样的栽培管理条件下，如果品种选择正确，就可以获得最大的经济效益，即高出数倍的收入。反之，将会劳而无功，经济效益明显低下。

在选择杏品种时，还应注意，所选杏品种原产地的生态环境，要与当地的生态条件相一致。如果二者差别太大，将会出现树体冻死，枝条、花芽冻害严重，树体生长异常，果实品质下降，病虫害严重等不良现象。一般而言，在同一品种群内，各地区间可以相互引种；或不同品种群之间，在环境条件相差不大的情况下，也可以相互引种。

（二）品种的配置

除欧洲杏品种群之外，大多数杏品种自花不实，或自花结实率较低，再加之杏果实不耐贮运。所以，在建商品性杏园时，不仅要考虑到早、中、晚不同成熟期品种和主栽与授粉品种的合理搭配，而且还要照顾到鲜食品种和加工品种的比例。一般而言，小面积且交通比较便利的杏园，应以早熟的鲜食杏品种为主，即选 1～2 个优良品种作主栽品种，再选择与主栽品种有良好的杂交亲和性，花期一致，花多且花粉量大，生命力强的品种作授粉品种，二者的比例为(3～4)∶1。授粉品种距主栽品种不应大于10米，授粉树以在主栽品种株间插栽为宜。大面积杏园应以栽培加工品种或仁用品种为主，占80%以上。若条件适宜，栽培鲜食、加工和仁肉兼用品种，效益更好。授粉树不宜单一配置，而应选择3～4个互为授粉，彼此等量栽植，效果良好的主栽品种，以获得最佳的经济效益。

（三）栽植的密度、方式、时期和方法

1. 栽植密度和方式

杏树的栽植密度，应根据各地的地势、土壤、气候条件和管理水平而定。目前，一般杏园采取的株行距为2米×3米，或3米×5米，每667平方米栽45～110株。在管理技术水平较高或果园面积较小的情况下，可实行高密度或超高密度栽培，每667平方米栽222～333株。

栽植方式的确定，应以保证最大限度地利用土地和空间，截获最多的太阳辐射能以及方便管理为前提。常见的栽植方式，有长方形栽植和等高栽植两种。长方形栽植是当前生产上广泛采用的一种栽植方式，其特点是行距大于株距，通风透光好，便于管理作业。等高栽植适于梯田和撩壕式等山地果园采用。它的特点是杏树按一定株距栽在一条等高线上，有利于水土保持。但要注意加行或减行的问题。

2. 栽植时期和方法

(1)栽植时期　一般分为秋栽和春栽。秋栽是在落叶以后至土壤封冻以前进行。其优点是栽植时的根部伤口当年可愈合，并发出须根，来年春天可及时生根，即缓苗期短，成活率高，生长良好。在秋雨较多，春天干旱的地区，宜秋栽，但应注意严冬到来之前的防寒工作，以免发生冬季抽干和冻害。春栽是在土壤解冻以后至杏苗萌芽以前栽植，有灌溉条件的地

区以春栽为宜。另外，东北、西北、华北北部及内蒙古等地区，由于无霜期短，冬季严寒，因而以春栽为宜。春栽可采取夏、秋季挖坑、积蓄雨雪与春天栽树的方法。这样，不仅成活率高，而且还可以省去新植幼树防寒的麻烦。

(2)栽植方法

①挖定植穴 按照设计要求和测出的定植点挖穴，以定植点为中心，根据密度可挖成坑或沟状。穴的大小一般为100厘米×100厘米×100厘米。挖时应将表土与底土分别放于两边，回填土时先在穴的底部放入20～30厘米厚的秸秆或杂草、落叶等，然后回填表土。填至一半深时，将挖出的底土与有机土杂肥(每株用量为50～100千克)，混合均匀后填入穴中，填至离地面约30厘米时，将穴内踏实或浇水，使土沉实。然后再覆一层干土，栽树时回填余下部分。

②苗木准备 栽前先将苗木进行分级，剔除不合格的劣苗，选用根系发育良好的一、二级壮苗。然后修剪根系，使其尽量留新茬，以便于愈合并产生新根。从外地购入的苗木，因进行长途运输，失水较多，故运到后应立即用水浸泡根系，待根系和枝条吸足水后，再进行定植。

③定　植 将苗放入穴中央，使其与前后左右的苗对齐，填土1/3时往上提苗，使根系自然朝下舒展，与土壤密接。填土时要注意，接口须略高出地面，将土踏实后再培土与地表相平，再踏实即可。

(四)栽植后的管理

1. 做畦灌水

有灌溉条件的地方，杏苗定植后应沿定植行做畦，及时浇水。较干旱的地区，浇水后可在树干周围培一个小土墩，以便保墒。没有灌溉条件的地区或干旱地区，定植穴以60厘米见方为宜。杏苗栽好后，把树盘修成漏斗形，以便于水分集中地渗到根系分布区，为根系所利用，从而提高栽植成活率。也可在苗干周围铺80厘米见方的塑料薄膜，将四周用土压实，并培起小土墩，效果也很好。

2. 定　干

春季定植后即可定干，定干高度一般为60～80厘米。春季花期易出现霜冻的地区，杏苗定干可高一些，一般为80～100厘米。剪口芽应留在春季主风方向的迎风面，这样抽生的新枝条不易被风折断。如果剪口芽留在春季主风方向的背风面，新梢抽生后基部还没有木质化时则很容易被折断。定植苗上枝条较多时，可适当疏枝或作极重短截。对较粗壮的枝及距地面30厘米以下的小枝要疏掉。

3. 补　植

定植后，应检查成活情况，发现有死株和病株应拔除，及时用备用苗补栽，以免在同一杏园内因缺株过多而降低经济效益。

第五章 杏园土肥水标准化管理

一、土壤标准化管理

（一）土壤改良

1. 盐碱土改良

盐碱对杏树有害。土壤中盐碱对杏树的危害，主要是土壤高盐量和离子的毒害。当土壤总含盐量在 0.20%～0.25%及以上时，一般杏树就不能正常生长和结果。土壤中盐分高时，土壤溶液浓度大，杏树根系很难从中吸收水分和营养物质，引起生理干旱和营养的缺乏。土壤中的盐分，主要是 HCO_3^-，SO_4^{2-}，Cl^- 等阴离子和 Na^+、K^+、Ca^{2+}、Mg^{2+} 等阳离子组成的多种盐类，有的盐碱土还有 BO_3^-、NO_3^- 等离子。这些离子达到一定浓度后，即影响果树根系的吸收活动，甚至起到毒害作用。

另外，土壤中的盐碱也必然影响土壤的酸碱度，一般盐碱土的 pH 值都在 8.0 以上，甚至 9.0～10.0 及以上，使土壤中各种营养物质的有效性降低，即使施很多肥料也发挥不了作用。盐碱土中代换性钠含量高，常使土壤干硬，透性差，土壤结构不好，也影响杏树的正常生长和结果。

盐碱还影响土壤的肥力和耕性。盐碱土有机质含量低，土壤微生物种类和数量都少，这不利于土壤养分的转化和利用。所以，多数盐碱地杏园土壤贫瘠，对人工施肥的依赖性很大。盐碱土土性冷凉，春季地温上升慢。盐碱土耕性不好，淋溶不下去，加重危害。经常下小雨也不好，这样易引起返盐，也加重盐碱的危害。

盐碱土的改良技术措施，以建园前实施最好，建园后并应经常保持合理的改土措施。改土的有效技术措施是：

(1)排水防涝 谚语云："盐随水来，盐随水去"，"涝碱相随"。果园排水搞得好，土壤盐碱的治理就有了基本的保证。排水可以用明渠，也可以用暗管；既可以靠自流排，也可以用机械排。在建园时，应周到地设计和施工。建园后，应经常养护好这些设施。明渠排水，渠道应有一定深度，以保证能排出杏园根层的积水。

(2)灌溉洗盐 在有良好的排水条件时，灌溉洗(或压)盐碱，收效很快。在没有排水设施的情况下，只有地下水位很深时，才可以用灌溉法洗盐。我国北方沿海一些盐碱地果园，灌溉洗盐的最好时机是春季返盐、返碱的时候。当然，灌溉洗盐用的水必须是无盐碱的水，这种水可以靠深井供应。

(3)多施有机肥 对盐碱地多施有机肥，不仅能改善不良的土壤结构，也能有效地降低土壤溶液的 pH 值，提高土壤中养分的有效性。在建园前和杏园幼年期种植绿肥作物，或实施生草制土壤管理(生草栽培)，都是增加土壤有机质的好方法。

(4)化学改良 盐碱土的化学改良的途径和原理，一是改变土壤胶体吸附性阳离子的组成，改善土壤的结构，防止返碱。二是调节土壤酸碱度，改善土壤营养状况，防止盐碱危害。可施用的化学物质，有石膏、磷石膏和含硫、含酸的物质，如工矿废渣、硫黄粉、粗硫酸、硫酸铝、黄铁矿等。近几年来，有的地区用腐殖酸类改良剂，取得不错的效果。巧施化肥也属土壤的化学改良之列，如多施钙质化肥(过磷酸钙、硝酸钙等）以及生理酸性的肥料（如硫酸铵），既能增加土壤中钙的含量，也能起到改良盐碱土的作用。

2. 风沙土改良

我国风沙地区面积很大，许多地方以发展包括杏树在内的果树，来带动整个农业，农民对果树生产寄予希望。华北平原及内蒙古大部分地区，西北地区及东北松辽平原西部，以及沿海一些地区，治理风沙土是果树生产和整个农业长期的繁重任务。

(1)风沙土的不利影响 风沙土对杏树生产的不利影响如下：

第一，水土流失严重，使杏树根系暴露，甚至倒伏或死亡。沙土地的水土流失，干旱时风蚀，降雨或灌溉时水蚀，都是由于土壤中没有黏粒、土质疏松造成的。这种水土流失，平原地严重，坡地更严重。水土的流失使土壤肥料也流失，土壤贫瘠化更加突出。

第二，土壤有机质含量低，各种营养物质的含量也低。

第三，土壤的各种物理特性随季节、昼夜变化大，如土壤温度和容重。沙土地夏季炎热的中午，表土层温度高，如烟台市郊果园表土层温度达55℃，河南黄泛区果园表土层温度达60℃以上。这时，杏树的枝干或果实易得日烧病。土壤温度的剧烈变化，不利于根系的生长和正常的吸收活动。

杏园受风沙危害后，杏树产量和果实品质都直接受到影响。

(2)改良措施 风沙土的改良措施，主要应抓住以下几点：

第一，搞好防护林带，林草结合固沙。风沙严重地区，林草结合的防护林带应宽一些，并严格管制，禁止放牧。有灌溉条件的，对防护林和草应同样灌溉，以促进林草的生长，充分发挥护林和保持水土的效能。

第二，多施有机肥，改土和培肥地力。建园前或对处于幼年阶段的杏园，要种植绿肥作物或实施生草栽培，这是增加土壤有机质含量的最有效方法。

新建杏园，杏树行间空闲地多，宜种植产草量高的绿肥作物。适于杏园种植的绿肥作物，有苜蓿（包括紫花苜蓿、野苜蓿）、草木樨、百脉根、田菁、扁蓿豆、偃麦草、黑麦草、燕麦、梯牧草和绿豆等。

绿肥作物一般应于花后耕翻入土中，或在生长季刈割一次，秋后再耕翻到土中。不能把绿肥作物当牧草收获走。不把这些草耕翻入土中，就起不到肥田的作用。种植绿肥作物，秋后留茬，整个冬季和早春都有很好的保墒效果，并减少水土的流失。留茬状态，以直立（高 10～20 厘米）为最好，比平铺覆盖还好。

第三，秸秆覆盖。整段的作物或杂草覆盖，或板石覆盖，都有很好的保持水土的作用。以粉碎的作物秸秆或场院副产品（如麦糠、稻壳等）作覆盖材料，也有一定的效果。

第四，客土。将黏土或河泥土换入定植穴中，或在杏树定植后逐年扩穴换入。客土的方法，改土效果很好，但非常费力，而且只能是在取黏土或河泥方便的地方才能采用。客土时，掺入有机肥效果更佳。

第五，采用正确的耕作方法，不清耕（即不松表土层，不破坏表土结构），减少表土水蚀或风蚀的可能性。生草法、免耕法都适用。

3. 坡地土改良

分布于山地、丘陵起伏地形上的土壤，统称为坡地土。我国所谓上山的果园，主要是这一类土。我国农业耕地的 2/3 是坡地，而果树所占的坡地是其中条件最差的，土层薄，水土流失严重，肥力低，最怕干旱。这类土的改良措施主要是：

(1)综合治理 一个小流域进行科学的规划，综合治理，主要是农、林、牧协调发展，治坡与治沟结合，进行经常性的治理，做好蓄水、保水和保土的工作。

(2)合理耕作 有灌溉条件或降水量充沛，即年降水量为 650 毫米、且季节分布均匀，或年降水量在 750 毫米以上的果园，以实施覆盖法为好，也不宜清耕。如果杏树行间种植间作物，不能避免耕作时，则应严格地进行等高耕作(横坡耕作)，这样能够做到蓄水保土。等高垄作、平作起垄或穴状耕作，也有蓄水改土的效果。

(3)深翻与多施有机肥相结合 最好是建园时挖大的定植穴，并在各土壤层施入大量有机肥。已建的坡地杏园，深翻改土有良好的效果，深翻同时加施有机肥则更好。坡地土一般土粒粗，土壤结构性差，施入大量的有机肥，不仅能增加土壤养分含量，而且可以改善土壤的结构，增加土壤保水、保肥的能力。

4. 红壤土和黏土改良

在我国南方热带或亚热带地区多红壤土，我国北方有的地区也有黏土分布。这类土壤的特点是土质黏重，容易板结，土壤空隙小，耕性差。改良红壤土和黏土的主要有效措施如下：

(1)多施有机肥 要大量施入有机肥或广为种植绿肥作物。土壤中有机质含量提高，土壤结构上的缺点就能得到最有效的克服，土壤供肥能力也提高。我国南方绿肥作物的种类很多，每年的产草量也大，种绿肥作物改土的速度更快，效果更好。除了前面已介绍的绿肥作物外，红壤土和黏壤土改良时适用的绿肥作物，还有肥田萝卜、紫云英、金光菊、豇豆、蚕豆、二月蓝（又称诸葛菜）、大米草、毛叶苕子和油菜等。

（2）客　土　在红壤土和黏土中，掺入大量的沙土和炉灰渣等，改土效果较好。建园前一次性进行客土，能达到40～60厘米深度的客土层最好，但这样很费工时。也可以在栽上杏树后逐年扩穴客土。

（3）合理施肥　要科学施肥，特别是要科学地施用化肥。单一地长期施用化肥，尤其是氮肥，会明显地加剧红壤土或黏土的缺点。化肥最好与有机肥混合起来施入土中。因为红壤土和黏土多属酸性土，施化肥可以加入石灰，改土效果更好。

（4）合理耕作　尽量不耕翻（免耕）或少耕翻，实施生草法土壤管理。如果一定要耕作的话，应避免降雨或灌溉后不适宜时耕作，尤其应避免倾轧。

（二）中耕除草

中耕除草常与灌水结合或在雨后进行。每次灌水后或雨后选择晴天天气，在树盘或行间进行人工锄地或浅耕，有利于保持土壤水分。早春宜深8～10厘米，有利于保墒。硬核期后宜浅，为5～6厘米，以免伤及新根，中耕与除草同步进行。雨季前应将杂草除尽，有利于排水，此后只除草不需松土，直到杏果采收后。

（三）生草栽培

杏园生草法，即人工全园种草或只在树行间进行带状种草的种植制度。所种的草，既可以是优良的一年生或多年生牧草，也可以是除去不适宜种类杂草的自然生草。生草地已不再有草刈割以外的耕作。人工生草地的草种，是经过人工选择的，能控制不良杂草对杏树和杏园土壤的有害影响。欧美一些国家，果园实施生草法的历史已很长久。实践证明，在多种土壤管理方法中进行比较，生草法是最好的一种。

1. 生草栽培的优点

(1)防止或减少水土流失 生草可以防止或减少杏园的水土流失，尤其是山坡易冲刷地和沙荒易风蚀地，效果更好。生草能保持水土，一是因为草根在土表层中盘根错节，固土能力很强；二是因为生草条件下土壤团粒结构发育得好，大粒径的团粒多，使土壤的凝聚大大增强。

(2)增加土壤有机质含量，提高土壤肥力 据实验，土壤(30厘米厚的土层)有机质含量0.5%～0.7%的杏园，连续5年生草，种植鸭毛和白三叶草，土壤有机质含量可提高到1.6%～2.0%及以上。土壤有机质是土壤肥力的基础，土壤团粒结构形成的核心。

(3)可以防止发生缺素症 生草后，土壤中杏树必需的一些营养元素，如磷、铁、钙、锌、硼等，其有效性可得到提高，与这些元素有关的缺素症也得到克服。在生草杏园，草对这些元素有很强的吸收能力，通过草的吸收和转化，这些元素已由杏树不可吸收态变成可吸收态。所以，生草杏园缺磷和钙的症状少，且很少或根本看不到缺铁的黄叶病、缺锌的小叶病和缺硼的缩果病。

(4)有利于生态平衡 生草杏园有良性的“生物(含果树)－土壤－大气”生态平衡条件，主要表现是：在杏园生草条件下，土壤温度和湿度的昼夜变化小，季节变化也小，有利于果树根系的生长和吸收活动；生草条件下，杏树害虫的天敌种群数量增大，增强了天敌控制虫害发生的能力，从而减少了农药的投入及对环境的污染。

(5)便于机械作业,省人力,劳动效率高 生草果园,机械作业可随时进行,即使是雨后或刚灌溉的土地,机械也能行驶并进行作业,如喷洒农药、夏季修剪与采收等,这样可以保证作业的准时,不误季节。

(6)雨季涝害轻 雨季时,草吸收和蒸发水分,减少了果树的淹水量,增强了土壤的排涝能力。不论是雨季还是旱季,生草果园的果实日烧病都很轻或没有,落地果的损失也小。

生草果园的果实产量和质量一般都高于清耕果园,这是上述优点的综合反映。1982～1987 年,中国农业科学院郑州果树研究所在徐州果园试验,6 年间的产量,生草园比清耕园平均提高了 16.7%～34.6%,果实品质也有很大提高。

2. 生草栽培的条件

在我国果树生产中,大面积地推广生草法,已经势在必行。我国各地的果园,特别是那些水土流失严重、土壤贫瘠及劳动力又很紧缺的果园,实施生草法,是提高果园整体管理水平的重要途径,也是实现优质、高产、高效栽培目的的重要措施。

国外许多落叶果树的集中产区,年降水量为 750 毫米,具有实施生草法的理想条件。在这种情况下,一般不再考虑人工灌溉。有些果园年降水量只有 650 毫米,但降水量分布合理,没有灌溉条件也能实施生草法,草长得好,也达到了要求。目前,我国的杏栽培区,年降水量 750 毫米或 650 毫米而降水量分布合理,适于实施生草法。如果年降水量不足 600 毫米,且降水量分布很不合理。这些地区的杏园,若要实施生草法,应当具备一定的灌溉条件,使之在干旱季节能灌溉,以保证果树和生草对水的最低要求。

3. 生草种类的选择原则

生草,一般是多年生牧草,有些虽然是一二年生,但脱落下的种子也可使之多年生长，并用连续覆盖的草来代用。绿肥作物，一般是指一年生或多年生牧草，在生长季节被耕翻到土壤中作为肥料。间作物，是指果树行间种植的农作物或其他经济作物。有些多年生绿肥作物可以在幼龄杏园当生草用。根据目前我国杏园和牧草资源的条件，人工生草的草种选择原则主要如下：

(1)生长低矮 草生长得较低矮，生长快，有较高的产草量，地面覆盖率高。生草尽量不影响或少影响杏园的通风透光。一般生长最大高度应在50厘米以下，匍匐生长的草较理想。有些种类的草尽管长得低矮，但产草量小，不能很好地覆盖土壤表面；覆盖率低的生草地，容易生长其他杂草，给管理上造成麻烦，也达不到生草的目的。

(2)根系分布浅 草的根系应以须根为主，最好没有粗大的主根，或有主根也在土壤中分布不深。杏树根系一般分布较深，如果草的根系也较深，两者在这个空间就易产生矛盾。在众多的草资源中，禾本科的草多为须根系，根分布浅，是较理想的生草种类。

(3)与杏树无共同病虫害 与杏树没有共同的病虫害，但又能为果树害虫天敌提供栖息场所。有些杂草容易产生蚜虫和红蜘蛛，这不但危害生草，也危害杏树，故这类草不适合作生草的种类。

(4)覆盖时间长 地面覆盖的时间长而旺盛生长的时间短，可以减少草与杏树争夺土壤中水分和营养的时间。

(5)耐阴耐践踏 杏树高大，会遮住阳光，如果种植喜光草品种，则影响其生长。因此，人工生草应选择既能在树荫下生长，又不怕机械或人员作业的倾轧与践踏，甚至还能促进茎蔓着地生根或多分蘖，更快地繁殖和覆盖地面的草品种。

(6)繁殖简便,管理省工,适合机械作业 一种草不可能同时具备以上所有条件。在选择草的种类时,应根据杏园的情况,对草的要求可以有不同的侧重点。如幼龄杏园,杏树行间空地大,草可以较高大些,这样草生长量大,产草量高,覆盖得快,可以更快提高土壤肥力,而草和果树的矛盾也不大。在成龄杏园,则应选择耐阴性好,又不高大的草品种。

杏园生草,可以是单一的草种类,也可以是两种或多种草混种。国外许多生草的果园,多选择豆科的白三叶草与禾本科的早熟禾草混种。这两种草混种,白三叶草的根瘤菌有固氮能力,能培肥地力;早熟禾耐旱,适应性强;两者结合起来,生草效果更好。

4. 人工生草的品种简介

(1)白三叶 又名白车轴草、荷兰翘摇。豆科植物,是多年生牧草。耐践踏,再生性好,有主根,但不粗大,入土亦不深;侧根发育旺盛,主要分布在土壤表层以下 20～50 厘米,个别侧细根深达 1 米左右。根上有许多根瘤,有较强的固氮能力。茎长 30～60 厘米,匍匐地面,茎的每节能生出不定根。覆盖高度一般 20 厘米左右,花梗最高 4 厘米。喜温暖湿润的气候,耐寒性和耐热性均较强,－20℃以下低温时,能安全越冬;夏季持续高温,甚至出现 40℃,越夏也无问题。较耐湿而不耐旱,年降水量 600 毫米以下无灌溉的条件,一般生长量小,覆盖率低。适宜的土壤类型为湿沙土、砂壤土和壤土,喜微酸性土壤,pH 值 5.0～7.0 较好,不耐盐碱。种子细小,千粒重 0.5～0.7 克。播种时要求整地,春播或秋播均可。单播用种量为每公顷 7.5～11.5 千克;混播用种量为每公顷1.5～4.5 千克。条播,行距为 15～20 厘米,覆土 1～2 厘米厚。移栽苗,株行距各 15～20 厘米,每穴 3～5 株。移栽后要踩实或磙压。生长旺盛的一年可刈割 2～4 次。应注意刈割高度，以留茬 15 厘米以上较好。

(2)匍匐箭筈豌豆 又名春巢菜、普通野豌豆、救荒野豌豆。豆科植物，是一年生或越年生的牧草。耐践踏，再生性好。主根稍肥大，但入土不深。侧根发达，主要分布于土壤表层以下 20～50 厘米。根上多根瘤，有较强的固氮能力，尤其是在石灰质土壤上表现更明显。茎匍匐生长，节上易生不定根。覆盖高度一般为 30 厘米。喜温暖湿润气候。耐寒和耐旱性较强，在年降水量 150 毫米的情况下，要求适量进行灌溉。对土壤要求不严，以微酸性的沙质或壤质土较好。在盐碱土上生长量小，覆盖率低。种子较大，千粒重 50～60 克。播种前对整地要求不严。条播较好，每公顷播种量为 60～75 千克，行距为 20～30 厘米。春、秋季播种均可。生长旺盛的一年可刈割 3 次。

(3)扁茎黄芪 又名蔓黄芪。是多年生豆科植物，我国各地有野生种分布。主根不深，侧根发达，主要分布在土壤15～30 厘米深的土层内，根上根瘤量很大，根瘤聚集成鸡冠或珊瑚状，固氮能力很强，是改良贫瘠土壤的极好生草种类。茎匍匐生长，节上易生不定根。覆盖率高。春季生长慢，与果树争肥水矛盾小。但播后第一年春、夏季生长势弱，须人工控制其他杂草。土壤适应性强，耐旱，耐瘠薄，耐阴，亦耐践踏。种子小，千粒重 1.5～2.4 克。播种前应平整土地。进行条播或撒播。播种量为每公顷 7.5 千克，行距 20～30 厘米，覆土 1～2 厘米厚，春播或夏、秋季雨后播均可。较干旱的情况下一年刈割一次，生长旺盛的可刈割 2～3 次。

(4)鸡眼草 又名掐不齐、公母草、日本金花草。是 1 年生豆科植物，在我国各地均有分布。喜温暖，耐干旱，土壤适应性极强。喜富钙质的壤土或较黏质的壤土。株高仅15～25 厘米，直立或匍匐生长，耐阴，耐践踏。种子小，千粒重 2 克。春季晚霜后播种。可条播，播种量每公顷 7.5～15 千克，覆土 1～2 厘米厚。虽然是 1 年生植物，但有脱落的种子，能自行繁殖。生长旺盛的一年可刈割两次。刈割后再生能力强。

(5) 扁蓿豆 又名扁蓄豆、野苜蓿、杂花苜蓿、网果葫芦芭。是多年生豆科植物。主根较不发达，多侧根，根上有根瘤。茎高 20～55 厘米，平卧或半直立，分枝多。耐寒，耐旱，也很耐瘠薄，土壤适应性强。种子较小，千粒重 2 克。种子硬实率高，播种前最好进行烫种处理，再经催芽后播种。播种量每公顷为 7.5～10 千克。春播、秋播均可。其播种方式，条播或撒播都可以。生长旺盛的一年可刈割两次。

(6) 多变小冠花 为多年生豆科植物。主根较粗壮，侧根发达，密生根瘤，有很强的固氮能力。根的不定芽再生能力强，根蘖多，茎匍匐生长，节间短，多分枝，节上易生不定根。适应性很强，耐寒，耐旱，也很耐瘠薄，耐阴，耐践踏。产草量大，容易长得很旺盛。可用种子繁殖，也可用根蘖苗繁殖，用茎段扦插也可以。种子小，千粒重 4.1～4.5 克，播种量为每公顷 4.5～7.5 千克。进行条播，行距 1 米；穴播，株行距各 80 厘米或 1 米。多变小冠花生长很快，不用播种很密，可节省用种量。生长旺盛，一年可刈割 2～4 次。

(7) 草地早熟禾 又名六月禾、兰草、草原莓系等。是多年生禾本科植物。具须状根，有匍匐根茎。茎直立，高 25～50 厘米。喜温暖和较湿润的气候，耐寒，耐旱，耐瘠薄，亦耐阴，耐践踏。根茎繁殖很快，再生力较强。分蘖量大，一般一株分蘖 40～65 个，最多可达 150 个以上。喜排水良好的壤土或黏土，以土壤 pH 值为 6.0～7.0 者较好。种子很小，千粒重0.3～0.5克。直播以春播较好。可以条播或撒播。播种前应整地，土壤墒情应好。为节省种子，生产上常采用苗床育苗，长到2～3个真叶后移栽。生草园一般一年刈割2～3次。

(8)匍匐剪股颖 为多年生禾本科草。株高约40厘米。秆基部平卧地面，具匍匐茎，节上生根。喜潮湿和肥沃的土壤，不耐干旱，不耐盐碱，耐寒。可用种子或茎段繁殖。种子极小，千粒重0.4克，播种量为每公顷10～15千克，春、秋季播均可。夏季生长旺盛，可刈割1～3次。磙压可促进匍匐生根和分枝量。

(9)野牛草 原产于北美一带。是多年生禾本科草。须根发达，有匍匐根茎。地上茎高5～25厘米。匍匐茎很长，节上易生根。适应性很强，耐寒，耐旱，也耐盐碱，耐践踏，耐瘠薄。种子小，千粒重1克左右。播种量为每公顷15千克，可春播或秋播。多用苗床育秧后移栽。移栽株行距均为15～25厘米。也可用根茎繁殖。第一年春、秋季生长缓慢，可以不刈割；夏季生长旺盛，刈割1～3次，或磙轧1～2次。

(10)羊　草 又名碱草。是多年生禾本科草。我国各地有野生分布，也有很多人工栽培的羊草草地。茎单生或疏丛生，高30～80厘米。寿命长，再生力强。须根发达，分布浅，主要分布在土表下5～15厘米处，极易密结，甚至达到不易透水的程度。故虽长寿，但多年后应考虑更新。适应性很强，抗寒，耐旱，耐盐碱，耐瘠薄，也耐践踏。惟不耐涝。种子小，千粒重2.0克，种子发芽率一般较低。播种前应整地，夏播或秋播，播种量为每公顷25～50千克。播种后覆土2～4厘米，及时镇压1～2次。一年刈割2～3次。

(11)结缕草 又名锥子草、近地青、老虎皮、大爬根。是多年生禾本科草。具很强的根状茎，地上茎直立，高10～20

厘米。适应性极强，耐寒，耐旱，耐阴，又耐践踏。可以种子繁殖，也可以用根茎扦插栽植。苗床地育苗，播种量为每公顷45～125千克。一年刈割三次，刈割后生长恢复很快。

(12)猫尾草 又名梯牧草。是多年生禾本科草。须根发达，但入土较浅。茎直立，高50～80厘米。寿命长，可达10～15年。土壤适应性强，喜湿耐淹，耐寒。猫尾草与白三叶草或红三叶草混栽，生草效果很好。单播时播种量为每公顷7.5～12千克，春、夏、秋季均可播种。猫尾草喜肥，刈割后最好追施氮、磷、钾复合肥。生长旺盛的，一年应刈割2～4次。

以上茎秆较高的草，适宜于幼年果园生草用。

自然生草可以利用的草种类，有扁茎黄芪、鸡眼草、草地早熟禾、野牛草、羊草、结缕草和猫尾草，是杏园常见的野生杂草，经过人工选择而成为利用的草类。我国一些生草法试验果园利用了自然杂草的生草途径。其做法是：在生长季节任杂草萌芽生长。然后人工铲除不符合生草条件的杂草。开始要多花一些工，过一段时间这些杂草也就少了，所选草的品种便得到了提纯。不管什么杂草、不管它在什么生长期或生长状态，都有保持水土、覆盖地面、改善土壤和增加土壤有机质含量的益处，应当充分利用，使杂草在果树生产上发挥好的积极作用。但要克服它影响果树通风透光、与果树争夺水分和养分的问题。

5. 生草管理技术

杏园生草，是杏园土壤管理的最有效的方法之一，但不能认为杏园生草后就可以不用管了。杏园生草，同样要细致管理。否则，便达不到生草的预期目的。

(1)育　苗 在果树行间直播草种子，即为直播生草法。这种生草法简单易行，但用种量大，而且在草幼苗期要人工除去杂草，比较费事、费工。土地平坦、有灌溉条件的杏园，适宜用直播法或用茎段扦插。没有灌溉条件的杏园，应先育苗后移栽。育苗能提高繁殖系数，移栽覆盖的速度要比直接扦插来得快。

采用播种或扦插育苗的方法集中育苗，占用土地面积小。育苗一般要选平坦易灌溉或土壤墒情好的土地，并进行较细致的整地。先浇足底水，待墒情适宜时再播种。播种时，把种子播在开好的沟里，然后覆土。撒播，是把种子先撒于苗床的表面，然后撒一层细软的湿土。出苗后应及时除掉杂草，禾本科的草，一般有2～3片叶即可以移栽。

进行扦插育苗，苗床的基质以沙土或蛭石为好。夏季扦插，最好有遮阳网和迷雾条件。茎段带叶片，可以加快生根的速度。扦插育苗的密度可以很大，只要每株长2～4个根，挤得下就行。到扦插苗有了根和新叶，就可以移栽了。

(2)移　栽　幼苗移栽前，地面应平整，土壤墒情好。一般每穴栽3～5株，株行距为15厘米×40厘米。有些匍匐生长很快、覆盖面积又很大的豆科草，株距与行距宜大些，禾本科草株距与行距则可小一些。栽后应立即踩实或用机械镇压，以使幼苗扎根快，成活率高。杏园生草，可以是单一的草种，也可以是混种的两种或几种草。混种以白三叶草和早熟禾草的效果为最好。

(3)幼苗期管理　生草的幼苗期，不能放松管理，要及时除去杂草，进行灌溉和施些氮肥，以促进草的生长。出现断垄或缺株的地块，应及时补栽。

(4)刈　割　草长起来覆盖住地面以后，要注意及时刈割。这不只是控制草的高度，而且还有促进分蘖或分枝、提高覆盖率和增加产草量的效果。根据草的生长情况，一个生长季应当进行1～3次刈割。一般草长到30厘米以上或豆科草开花结荚时，就应当刈割。幼龄杏园，杏树行间空闲地面大，草还可以留得高些。成年杏园则相反。刈割留草的茬高，一般禾本科草要保住其生长点（心叶以下），而豆科草要留茎的2～3节。秋季生长起来的草，为了冬季覆盖可以不刈割。使用专用的割草机，不仅留茬高度整齐，而且割草效率高，并且还省工。要把割下的草覆盖在树间。

(5)肥水管理 草长得不好，难以实现生草的目标。所以，在草生长季节前期一定要施肥。生草地一般施用氮肥，施肥后要灌水。对生草地施肥绝不是浪费，施过肥的草生长快，产量高，对改良土壤和果树生长都有好处。刈割后施肥浇水，有利于草的生长。

(6)保护天敌昆虫 生草给害虫的天敌提供了良好的生态环境。对杏树防治病虫害时，应将刈割管理与保护天敌昆虫一起考虑安排。对杏树喷洒农药时，应尽量避开草，以保护栖息在草中的天敌昆虫。发芽前喷洒石硫合剂时，行间的草和果树应一起喷，以灭除草中的越冬虫卵和病菌。

(7)生草的更新 多年连续生草，也会使果树的根系上移，和草根一起在土壤表层形成盘根错节的板结层。这对果树根系的生长和吸收功能的发挥，有不良的影响。这时应该对生草进行更新。最好是在秋季结合施有机肥料时，将其翻起，深埋于地下。

(8)防止鼠害 杏园生草，特别是在冬、春季，应注意防止鼠害。鼠类属啮齿动物，啃食杏树树干，其危害不可忽视。秋后经在杏树树干涂白涂剂，或包扎塑料薄膜，可以有效地防止鼠害。

(9)防　火 实行生草栽培的杏园，要把杏树行间的落叶清扫干净，放置在树间，和覆盖物一起，覆上一层薄土，以免发生火灾。

（四）园地覆盖

对杏园进行覆盖，使全杏园或树下覆盖有机物或塑料薄膜，可有效地控制杂草，减少土壤水分的蒸发。覆盖有机物，将土壤表层水、肥、气、热不稳定的土层，变成适宜的稳定生态层，可以扩大根系分布层的范围，在底土黏重和土层较浅的杏园，效果更好。随着所覆盖有机物的腐烂分解，土壤有机质含量逐渐提高，可以增加团粒结构和土壤养分。覆盖还可减少土壤冲刷，防止杂草生长，节约劳动成本。在天旱少雨的年份，效果更为明显。覆盖塑料薄膜，可以提高早春地温，覆盖有机物可降低夏季土壤温度，秋季保持适宜低温，从而延长了吸收根系的生长期，增加了树体的营养积累。秋季覆盖塑料薄膜，还可增加地面的反射光，使树膛内部的果实得到更多的光照，容易积累糖分，从而提高果实的产量和质量。

一般的作物秸秆都可以作为覆盖材料，如麦秸、玉米秸、豆秸、稻草、花生秧、红薯秧、各种绿肥作物及杂草，都可作为杏园覆盖的材料。秸秆可整棵覆盖在杏树的行间，但最好是用机械把秸秆粉碎后再覆盖。这不但可以提高保水能力，而且还能促进微生物的活动，加速秸秆的腐烂，便于给杏树生长发育提供充分的营养。覆盖的厚度以 20 厘米左右为宜。秸秆经过一个夏季的风化，可以结合秋季施基肥，把秸秆填入施肥沟底。杏园覆盖应注意以下几个问题：

第一，覆盖的时间要适宜。如在早春覆盖有机物，土壤温度回升缓慢，会抑制根系的吸收活动，从而影响到杏树地上部的生长发育。

第二，在低洼的夏湿地进行覆盖，会使雨季土壤水分过多,不利于杏树适时停止生长。

第三,覆盖作物秸秆后,如果干燥,则易引起火灾。因此,要在覆盖物上零星地覆些细土。

第四,杏园覆盖后,表层根系增加,冬季需要注意覆厚土或保持覆盖状态,以免根系受冻害。

(五)合理间作

幼树期树冠较小,为充分利用土地和光能,并弥补新栽杏园早年无产品而造成的经济损失,达到"以短补长"的目的,可在杏园行间合理间作。间作物和定植树之间要留一定距离的营养带,并且要采用矮秆和浅根作物,种类以花生、红薯、豆类、瓜类、甘蓝菜及草莓为宜。对树冠已接近彼此搭接的成龄杏园,不宜再种植间作物,可种植绿肥作物。杏园种植绿肥,既可抑制杂草生长,壮树增产,又能改良土壤,达到以园养园的目的。适于杏园种植的绿肥作物,有一年生的毛叶苕子、乌豇豆和蚕豆,以及其他豆科作物,还有多年生的沙打旺、紫穗槐、草木樨和三叶草等。绿肥作物除了集中刈割埋压、树盘覆盖等直接利用外,还可采用先作饲料后变肥的方式,进行间接利用。

二、标准化施肥

(一)肥料选择

1. 有机肥料

有机肥,包括动物的粪便、腐烂的作物秸秆及油料作物出过油的饼。有机肥料来源广,潜力大,既经济,又容易得到。它含有丰富的有机质和腐殖质,以及杏树所需要的各种大量元素和微量元素，并含有多种激素、维生素和抗生素等，称为完全肥料。但它的养分主要是以有机态存在，杏树不能直接利用；而必须经过微生物的发酵分解，才能被杏树吸收利用。多施有机肥，不仅能供给杏树生长需要的各种营养元素，还能改良土壤，提高土壤肥力。有机肥的肥效长而稳定，但见效较慢。不同有机肥料的营养成分如表 5-1 所示。

表 5-1　常用有机肥料营养成分含量

肥料名称	有机质含量(%)	N 含量(%)	P_2O_5 含量(%)	K_2O 含量(%)	CaO 含量(%)
土杂肥		0.2	0.18～0.25	0.7～2.0	
猪　粪	15.0	0.56	0.40	0.44	
猪　尿	2.5	0.30	0.12	0.95	
牛　粪	14.5	0.32	0.25	0.15	0.34
牛　尿	3.0	0.5	0.03	0.65	0.01
马　粪	20.0	0.55	0.30	0.24	0.15
马　尿	6.5	1.20	0.01	1.50	0.45
羊　粪	28.0	0.65	0.50	0.25	0.46
羊　尿	7.20	1.40	0.03	1.20	0.16
人　粪	20.0	1.0	0.50	0.31	
人　尿	3.0	0.50	0.13	0.19	
大豆饼		0.70	1.32	2.13	
花生饼		6.32	1.17	1.34	
棉籽饼		4.85	2.02	1.90	
菜籽饼		4.60	2.48	1.40	
芝麻饼		6.20	2.95	1.40	

2. 无机肥料(化学肥料)

化学肥料具有养分含量高、肥力大和肥效快等特点,但养分单纯,不含有机物,肥效期短。长期单纯使用化学肥料,还会破坏土壤结构,使土壤板结,肥力下降。必须注意配合施用有机肥。氮素肥料的主要种类,有硝酸铵、碳酸氢铵和尿素等;磷肥的主要种类,有过磷酸钙和磷矿粉等;钾肥的主要种类,有硫酸钾和氯化钾等。还有两种以上元素组成的复合肥料和果树专用肥等。常用化肥养分含量如表 5-2 所示。

表 5-2 几种化学肥料养分含量表

名　称	养分含量(%)
硝酸铵	34.0
碳酸氢铵	17.0
硫酸铵	20.0～21.0
磷酸二铵	氮 16～21,磷 46～53
硫酸铵	34.0
氯化钾	50～60
尿　素	46.0
过磷酸钙	氮 16～18

杏树是多年生植物,长期固定在同一地点,每年生长、结果都需要从土壤中吸收大量的营养元素。为了保证杏幼树的提早结果、早期丰产以及大树的稳产、高产、优质、健康长寿,必须及时施肥补充,才能满足杏树生长和结果的需要。要根据杏树生长时期和生长发育状态的不同,选用不同种类的肥料。基肥多用迟效性有机肥料,逐渐分解后,供杏树长期吸收利用。追肥选用无机肥,因无机肥的肥效快,杏树易吸收。

土壤肥力的保护和维持，是有机农业管理中的主要生产技术。其功能是促进土壤分解，产生出有机和无机营养物质，提高土壤肥力，有利于杏树根系生长和对营养物质的吸收。同时，增进土壤中动植物的活性。在有机作物生长过程中，使土壤能提供杏树生长发育所需的营养元素，包括氮、磷、钾等常量元素和钙、镁、钼等微量元素。

3. 菌　肥

菌肥，是指有益微生物经液体发酵，生产而成的液体活菌制品，或菌液经无菌载体吸附成的固体活菌制品。这些产品的质量必须符合国家标准，同时经农业部微生物肥料质量检验中心登记。这些菌肥主要用于蘸根、叶面喷施、秸秆腐解和堆肥发酵等。

4. 堆　肥

堆肥，是利用有机农业生产体系内的有机生活垃圾，人、畜、禽粪便和秸秆残料、有益的杂草与水生植物等为原料，混合后按一定的方式堆积、发酵而成的有机肥料。堆肥是在好气（不作密封）的条件下，将秸秆、粪尿和河塘泥等物，按一定比例（有条件的可加入发酵剂）堆制而成。堆制可以放在地势较高的积肥场（厂）进行。其具体方法是，在地下挖几条通气沟，通气沟以 10 厘米×10 厘米的宽、深较为合适，长度不限。沟上横铺一层长秸秆，中央垂直插入一些秸秆束或竹竿，以利于通气。然后铺上切碎的秸秆，铺到宽 3～4 米，厚度 0.6 米左右时，换铺粪便，并稍撒上些石灰或草木灰。然后再铺秸秆，再铺粪便，如此一层一层地往上堆积，形成长梯形大堆。最后在堆的表面覆盖一层 0.1 米厚的细土或塘泥加以封闭。堆肥在堆后的 3～5 天，堆内温度显著上升，可达 60℃～70℃，并维持半个月。堆制全过程为 1 个月，其效果可保证杀死堆内任何危害人体健康和作物正常生长的病原菌、寄生虫卵和杂草种子。目前,许多有机农业生产基地,都自己建设有机肥堆库或堆肥仓。这种设施不仅操作方便,而且对环境卫生也十分有利。堆肥的技术要求和卫生标准见表 5-3。

表 5-3　堆肥的技术要求及卫生标准

项　目	技术要求及卫生标准
湿　度	堆制时要混拌马粪尿和水分,一般保持在 60%左右,即用手捏紧刚能出水为宜
空　气	堆肥是在好气的条件下进行的,所以要建立通气体系。大中型堆肥工厂采用金属通气孔
温　度	大部分好气性微生物,在 30℃～40℃时活动较好。而高温纤维素分解菌和放线菌在 65℃时,分解有机质能力最强,速度最快。因此,堆肥的温度要求为 50℃～65℃并保持 5～7 天,其余时间温度保持在 30℃～40℃即可。如果温度过高,可通过加水、翻堆等办法降温。在冬天和北方低温地区,可接种少量含有丰富的高温纤维分解菌的骡、马粪及其浸出液,加速堆肥腐熟
碳氮比	一般微生物分解有机质时需要的碳氮比,以(20～25)∶1 为妥,但秸秆等有机质的碳氮比为(60～100)∶1,所以,必须加入含氮丰富的动物粪尿,调节碳氮比
酸碱度	堆肥的酸碱度,即 pH 值在 6～8 范围内较好。调节方法,为加入极少量的石灰、草木灰等,加入量以重量的 2%～3%为合适,也可加入磷矿粉或钙镁磷肥
蛔虫卵死亡率	95%～100%
粪大肠杆菌值	10^{-2}～10^{-3}
苍　蝇	有效控制苍蝇孳生,肥堆周围没有活的蛆、蛹或新羽化的成蝇

堆肥堆制的另一种方式是，有机肥料在畜禽圈舍自然堆积而成，这种堆肥又称作厩肥。

5. 沤肥(沼气肥)

沤肥的情况与堆肥基本相同，只不过沤肥是在嫌气(即把肥料的原料淹在水里封存)条件下发酵而成。原始的方式是挖粪坑、粪池的方式囤积有机肥料，但是发酵分解不透。目前，在许多生态村，把沤肥与沼气工程相结合。即将有机物质统统放进沼气池，经厌氧菌分解，制取沼气后的发酵液和有机残渣，即是一种最好的沤肥。沼气肥也应该符合沼气发酵卫生标准。沤肥中残渣的肥力具有迟效特性，宜作基肥；发酵液的肥力具有速效特性，可用作追肥。

6. 绿　肥

作肥料使用的新鲜绿色植物，称为绿肥。栽培绿肥作物，以能固定空气中氮素的豆科绿肥为主，水面多的地方，可发展绿萍。绿肥可以增加土壤有机质含量和氮素，改良土壤，提供作物所需的养分；覆盖地面能减少水土流失，调节作物茬口，节省施肥劳力，促进畜禽业和养蜂业的发展。

7. 秸 秆 肥

是指将秸秆翻压还田作肥料。具体做法是：在作物收获以后，将其秸秆或植物残体等，于施基肥时压入沟底，或覆盖园面。2～3 年翻压一次。

8. 矿物质肥料

植物和土壤生物也需要矿物养分。适度使用矿物质肥料，可以提高土壤的生命活力。反过来，土壤中的生命又可促进矿物质肥料发挥有效作用。土壤中通常缺乏磷酸盐。对于植物生长来说，磷是一种重要的元素。把磷矿粉与粪肥以及植物残枝一起堆沤，可使碱化的土壤酸化。最好把磷矿粉先施给豆科植物，这样能增强其固氮作用和改善动物饲料配给，从而提高粪肥质量。矿物质肥料的允许使用范围，以有关认证机构指定的标准为准。

9. 工厂化有机肥

工厂化生产的有机肥，其菌种的选用、肥源材料和生产工艺流程，都必须经国家有机农业认证机构认证，认证后的产品才可以作为商品肥料，进入市场销售。

杏的无公害果品，最终体现为产品的无公害化。其产品可以是初级产品，也可以是加工产品。无公害杏果的收获、加工、包装、贮藏和运输等后续过程，均应进行相应的无公害操作。产品是否无公害，要通过检测来确定。无公害杏果首先在营养品质上应该是优质的。营养品质检测可以依据相应检测机构的结果，而环境品质、卫生品质的检测，则要由指定机构进行。

(二)施肥量的确定

1. 合理施肥量的计算

施肥量的确定，受多种因素的影响。不同树龄、不同生长与不同结果情况的杏树，施肥量不同。幼树、结果少的树要比大树、结果多的树施肥少。不同土壤条件，也影响施肥量。瘠薄土壤比肥沃土壤施肥要多。土壤的母质不同，所含营养的成分也不同。由片麻岩分化成的土壤，一般不缺钾元素，可以注意多施氮肥。所以，杏树的施肥量要根据多种因素进行考虑，合理确定。

目前，提倡用营养诊断指导施肥，但也只能指出某种元素的盈亏情况，并不能具体提出保证杏树正常生长、结果所需要增加或减少的具体数量。因此，要想最终解决施肥量问题，真正做到合理、科学地施肥，就只有将杏树营养诊断和杏树营养平衡施肥法结合起来，即杏树每年吸收带走多少营养元素，就补充多少营养元素，做到收支平衡，才能解决定性和定量的问题，而定量则是主要的和根本的。

要想知道该杏园应该施多少肥料，既能满足杏树的需要，又不造成过量的浪费，首先就要通过营养分析确定杏树的年吸收总量，然后再计算杏树的年吸收总量。计算时，一定要按照杏树各器官发育成熟的先后，分别记载花、落果、叶、果实、枝、干和根等各部分的生长总鲜量与总干量，并分析各种主要营养元素的百分率含量。以某器官总干重乘以该器官营养成分的含量百分率，即是某器官某主要营养元素的年吸收总量。然后把所有器官吸收某主要营养元素的量相加，就是杏树对某主要营养元素的年吸收总量。

其次，要查明该杏园在土壤不施肥的情况下，土壤中所含有的、能供杏树生长发育的大量元素与微量元素的量，亦即天然供肥量。从我国大量的农业田间试验得知，各种土壤在一般情况下，肥料三要素的天然供应量大致为：作物吸收氮量的1/3，吸收磷量的1/2，吸收钾量的1/2。

还要知道杏树对肥料的利用率。不论是有机肥或是无机肥，施入杏园后，都不可能全被杏树根系吸收利用。其中一部分被土壤中的胶体吸附，供杏树吸收利用；一部分则变为难溶性化合物被固定；另一部分由于淋溶和挥发而损失。肥料利用率，是指当年杏树吸收所施肥料中的养分量，占所施肥料有效养分含量的百分数。计算公式如下：

$$\text{肥料利用率}=\frac{\text{果树中吸收的养分含量}}{\text{施用肥料的有效养分含量}}\times 100\%$$

杏树对肥料利用率的多少，还受气温、土壤条件、肥料种类、形态和施肥方法等诸多方面的影响。据有关资料介绍，氮肥的利用率约为50%，磷肥约为30%，钾肥约为40%。而根据中国农业科学院土壤肥料研究所试验推算，我国氮肥实际利用率平均约为35%，磷肥为20%，钾肥为45%。各地杏园在计算肥料利用率时，可依中国农业科学院土壤肥料研究所提出的平均数值作为参考值。常用于包括杏园在内的果园的有机和无机肥料当年利用率，如表5-4所示。

表5-4　常用有机肥、无机肥当年利用率

肥料名称	当年利用率(%)	肥料名称	当年利用率(%)
一般土杂粪	15	尿　素	35～40
大粪干	25	硫酸铵	35
猪　粪	30	硝酸铵	35～40
草木灰	40	过磷酸钙	20～25
菜籽饼	25	硫酸钾	40～50
棉籽饼	25	氯化钾	40～50
花生饼	25	复合肥	40
大　豆	25	钙镁磷肥	34～40

知道了杏树对肥料的吸收量、天然供肥量和肥料利用率3个数值以后，把数值代入公式之中，即可计算出某种肥料的合理施用量。计算公式如下：

$$合理施肥量=\frac{杏树吸收量-天然供肥量}{施用肥料利用率}$$

如在计算钾肥合理施用量时，已知钾的吸收量为30千克，钾的天然供肥量为30×1/2＝15千克，钾肥利用率取45%。通过公式计算，便可求得钾肥的合理施用量为33千克。

2. 基肥施用量

一般优质丰产的杏园，土壤有机质含量在1%以上，有的达到1.5%～2.0%，但大多数杏园土壤的有机质含量在1.0%以下。这就要大量增加基肥的施用量，以提高地力。应重点施足底肥，一年生幼树每株施优质有机肥15～20千克，初结果杏树每株施优质有机肥25～50千克，成年大树每株施优质有机肥60～100千克。有机肥和过磷酸钙或氮磷钾复合肥作基肥，施用效果好。如果考虑到改良土壤，培肥地力，促进土壤微生物的活动等，则施基肥不仅要在数量上，而且在质量上都予以保证。施用优质基肥，如鸡粪、羊粪、绿肥、圈肥和厩肥等较好，土粪、大粪干次之。有草炭、泥炭的地区，可就地利用。沤制腐殖质肥作基肥，效果也很好。

3. 追肥施用量

为了满足杏树对氮肥的需求，应结合杏生长物候期和土壤肥力状况，进行追肥或根外追肥。萌芽前、坐果后、果实膨大期以及果实采收后，要依据实际需要追肥，前期以氮肥为主；后期要氮、磷、钾肥配合施用。每年每株追施有机肥12～20千克，硫酸铵0.24千克，过磷酸钙0.7千克，钾0.07千克，可以基本满足杏树对肥料的要求。

（三）施肥的方法

1. 土壤施肥

土壤施肥应尽可能地把肥料施在根系集中的地方，以便充分发挥肥效。杏树吸收根多集中分布在树冠外围下面的土层中。因此，在杏树树冠外施肥效果最好。土壤施肥的方法有以下几种：

（1）环状沟施　在树冠外缘开环状沟施肥。施肥沟在树冠边缘里外各一半，这样施肥后，有利于根系吸收和扩展。

(2)放射状沟施 以树冠为中心，离树干1米，向外开挖6～8条放射沟。沟长超过树冠外缘，沟中里浅外深。

(3)行间沟施肥 在杏树行间开施肥沟。开沟时，把生土层和熟土层分开放置。施肥时，将有机肥和熟土充分拌匀后填入沟内，将生土层留在地表，促进其风化。

(4)全园撒施 在生草的杏园中进行地面撒施，和草一起，3～5年深翻一次，把草深埋入地下。

2. 根外追肥

根外追肥，是指将杏树需要的营养，从根部以外的部位，供给树体的施肥方法。有叶面喷施和主干注入等方式。但叶面喷肥不能代替土壤施肥。据报道，叶面喷施氮素后，仅叶片中的含氮量增加，而其他器官的含氮量变化较小。这说明叶面喷氮在转移上还有一定的局限性。而土壤施肥的肥效持续期长，根系吸收后，可将肥料元素分送到各个器官，促进整体生长；同时向土壤中施有机肥后，又可改良土壤，改善根系环境，有利于根系生长。

作为高效施肥技术的叶面喷肥，进行时把肥料溶于水中，用喷雾器或喷枪把肥液喷洒在杏树叶片上，肥料通过叶片的气孔和角质层渗入叶内。一般喷后15分钟到2小时，即可被杏树叶片吸收利用。叶面喷肥简便易行，用肥量小，发挥作用快，可及时满足杏树的急需，并可避免某些肥料元素在土壤中的化学和生物固定作用。在缺水地区或缺水季节，以及不便施肥的山坡，均可采用此法。

叶片喷肥和土壤施肥各具特点，可以互补不足。如运用得当，可发挥肥料的最大效能。在具体应用时，要注意以下几个问题：

(1)肥料与农药或生长剂混喷要得当 混喷虽然可以节省劳力和提高效果,但混喷不当,反而会降低肥效和药效,有时还会造成药害。因此,在混喷时,必须首先了解肥料与农药的性质,如尿素属中性肥料,可以和多种农药及生长剂混喷。而草木灰则属碱性肥料,不能与中性或酸性肥料、农药混喷。一般酸性肥料只能与酸性肥料和农药混喷,碱性肥料与碱性肥料或农药混喷。酸性肥料与碱性肥料或农药混喷,酸碱中和会降低药效。

(2)喷洒浓度要适当 喷洒浓度过高,会对杏树造成肥害,或抑制其生长;浓度过低,则达不到所要求的效果。因此,在喷洒前要做小面积喷洒试验,合适后再大面积喷洒。根据以往叶面喷肥的经验,一般大量元素肥料的使用浓度为0.1%～0.3%;微量元素肥料的使用浓度为0.02%～0.05%。

(3)喷洒时间要适宜 一般在上午9时以前,下午4时以后进行为宜。因为中午前后日照强,温度高,肥液易蒸发浓缩变干,难以渗入叶内,影响喷洒效果。阴云天气,可全天喷施。若喷后一天内遇雨,则应补喷。每年喷洒2～3次,相隔时间为10天左右。

为了提高喷洒效果,可在配好的肥液中,加入少量湿润剂(或称展着剂)和中性肥皂、洗衣粉或洗涤剂等,可降低肥液的表面张力,增大其与叶片接触的面积。此外,还可以在化肥液中加入少许黏着剂,如皮胶等。湿润剂或黏着剂的数量,一般为2 000～3 000倍液。杏树根外喷施大量和微量元素肥量的浓度,如表5-5所示。

表 5-5　杏树根外喷肥常用种类及浓度

元素名称	肥料名称	使用浓度(%)	年喷次数	备　注
氮	尿　素	0.3～0.5	2～3	可与波尔多液混喷
氮与磷	磷酸铵	0.5～1.0	3～4	生育期喷
磷	过磷酸钙	1.0～3.0	2～3	果实膨大期开始喷
钾	硫酸钾	1.0～1.5	2～3	果实膨大期开始喷
钾	氯化钾	0.5～1.0	2～3	果实膨大期开始喷
磷与钾	磷酸二氢钾	0.2～0.5	2～3	果实膨大期开始喷
钾	草木灰	1.0～6.0	每隔 15～20 天 1 次	不能与氮肥、过磷酸钙混用
铁	硫酸亚铁	0.5～1.0	2～3(花育期)	幼叶开始生绿时喷
硼	硼　砂	0.2～0.3	2～3(花育期)	土施每 667 平方米 0.2～2.0 千克，与有机肥混施
硼	硼　酸	0.2～0.3	1～2	土施每 667 平方米 2～2.5 千克，与有机肥混用
锰	硫酸锰	0.2～0.4	1～2	土施每 667 平方米 1.5～2.0 千克，与有机肥混用
铜	硫酸铜	0.1～0.2	2～3(生长前期)	土施每 667 平方米 10～100 千克，与有机肥混用
钼	钼酸铵	0.02～0.05		土施每 667 平方米 4～5 千克，花后 3～5 周喷效果最佳
锌	硫酸锌	3.0～5.0	发芽前	
钙	氯化钙	0.3～0.5	2～3	
镁	硫酸镁	1.0～2.0	2～3	
锌	硫酸锌	0.1～0.2	发芽展叶期	

3. 灌溉施肥

定位灌溉系统中通常有施肥装置，因而可实现施肥灌溉。施肥装置由施肥罐、专用阀和连接管组成。通过叶片进行营养分析，确定杏树需要某种元素的多少。将杏树所需的营养元素肥料按计划配制好，将稀释过的无机肥料装入罐中，然后开启施肥专用阀，形成一定的压力差，将罐内的肥料输入水网中，从而实现施肥、灌溉一次完成。肥料成分溶解在水中，直接输送到根系的吸收区，以利于杏树吸收和利用。

4. 不同土壤类型的施肥方法

(1)黏土的施肥　黏土一般含有机、无机胶体多，阳离子交换容量大，土壤保肥能力强，养分不易流失。但黏土供肥慢，施肥后见效也慢。这种土壤施入肥料后，肥效缓而长，土壤紧实，通透性差，树木发根困难。施肥时，所施农家肥应是腐熟较好的农家肥，以马粪、鸡粪等热性肥料为最好。施化肥时，一次多施不会烧苗或流失，但如果氮肥过多，后期肥效充分发挥出来，会影响花芽形成，并使枝条贪青不落叶，导致树体抗性差，产量低。化肥特别是磷肥，在黏重土质中扩散速度慢，追肥时应尽量靠近根系，以提高肥料利用率。对于黏土，可在耕作层里适当掺和沙土，对改善供肥有好处。

(2)沙土的施肥　沙土一般有机质养分含量少，肥力较低，阳离子代换量小，保肥能力差。但沙土供肥好，施肥后见效也快。这种土壤"发小苗不发老苗"，肥劲猛而短，没后劲。沙土施肥与黏土不同。沙土要大量增施有机肥，提高土壤有机质含量，改善保肥能力。由于沙土通气状况好，土性暖，有机质易分解，施用未完全腐熟的有机肥料或牛粪、猪粪等冷性肥料也无妨。有条件的地区，可种植耐瘠薄的绿肥作物，以改良土壤理化性状。施用化肥时，一次量不能过多；过多容易引起"烧苗"或造成养分流失。所以，沙土地施化肥，应少量多次，化肥结合有机肥使用，可以提高肥效。在沙土地杏园，于杏树根系附近掺和黏土，对增强保肥能力有好处。

(3)盐碱土的施肥 盐碱土是盐土和碱土的总称。盐土是含盐分(氯化物和硫酸盐)较高的盐渍化土壤,土壤碱性不一定高;而碱土是含碳酸盐或重碳酸盐的土壤,pH值较高,土壤呈碱性。盐碱土的共性是有机质含量低,土壤理化性状差,对作物生长有害的阴、阳离子多,土壤肥力低。其施肥的总原则是,以增加有机肥料为主,适当控制化肥。有机肥中含有大量有机质,可增加土壤对有害离子的缓冲能力,有利于发根保苗。有条件的地方,可以大量采用秸秆还田和种植耐盐碱绿肥作物等办法,减轻盐碱对树体的危害。化肥不宜多施,以免加重土壤次生盐渍化。增施磷肥,适量施用氮肥,少施或不施钾肥。碱性土壤应多施生理酸性肥料,如过磷酸钙和硫酸铵等,对于改良碱性土壤有利。追肥要根据缺肥情况,及时补充。

(四)营养诊断与配方施肥技术

实行杏树营养诊断平衡施肥综合配套技术,一是要认真进行杏树需肥规律研究,根据不同杏树品种的生育特性,建立不同杏树品种需肥规律模型。二是要根据不同杏树品种需肥规律模型,以土壤、植株及果实营养诊断为核心,提出不同土壤条件、不同杏树品种、不同产量目标、不同品质要求和不同生育阶段的科学施肥指标与技术方案。三是要针对杏树因中、微量元素缺乏易导致生理性病害发生的现象,积极引进和开发优质高效的中、微量元素叶面肥、根灌肥、干注肥与氨基酸生物肥等新型肥料,同时通过以品质定肥,科学配餐,合理营养,保证树势健壮,减少病虫害发生,实现果品产业可持续发展。

1. 营养诊断

营养诊断是通过植株分析、土壤分析及其他生理生化指标的测定，以及植株的外观形态观察等途径，对植物营养状况进行客观的判断，从而指导科学施肥、改进管理措施的一项技术。通过营养诊断技术，判断植物需肥状况，是进行科学施肥的基础。在此前提下，才可以对症下药，平衡施肥。营养诊断的途径，主要有缺素外观诊断、土壤分析和植株养分测定等。

(1) 土壤分析诊断 通过分析土壤质地、有机质含量、pH值、全氮和硝态氮含量及矿质营养的动态变化水平，提出土壤养分的供应状况、植物吸收水平及养分的亏缺程度，从而选择适宜的肥料，补充土壤养分的不足。虽然采用土壤分析进行营养诊断，会受到多种因素，如天气条件、土壤水分、通气状况和元素间的相互作用等影响，使得土壤分析难以直接准确地反映植株的养分的供求状况。但是，土壤分析可以为外观诊断及其他诊断方法提供一些提示和线索，提出缺素症的限制因子，印证营养诊断的结果。

(2) 植株营养诊断 植株营养诊断，是以植株体内营养状态与生长发育之间的密切关系为根据的，但两者之间的相关性并非一成不变。在某些生长发育阶段，营养的供给量与植物的生长量成正相关，但达到某一临界浓度时，就会出现相关性逐渐减少的情况，最终出现限制生长发育的负面效应。在植物吸收利用营养元素的过程中，一种元素的变化会引起其他元素的缺乏或过量，因而在进行营养诊断时，不能只注重单一元素在组织中的浓度，还要考虑到各种元素间的平衡关系。

2. 配方施肥

杏树营养诊断平衡施肥综合配套技术，是根据杏树品种生育特性，结合大量的土壤、植株及果实营养测试分析，制定的施肥方案。与传统施肥方法相比，这种施肥技术更加科学、合理，使杏树生长始终处在营养均衡的状态下，果型端正，色泽鲜艳、漂亮美观;品质大大改善,糖含量与维生素C含量明显提高,口感清香甜美。还可促进果品早成熟、早上市通过营养配餐、平衡供应与良种良法,可使果实提前7～10天成熟、上市,不仅能提高农民收益,而且可使市民提早吃上新鲜水果。

表5-6是我国杏园叶片主要元素含量分析确定的几个适量值,可供使用时参考。

表5-6 7月份杏叶的临界营养元素含量

元　素	氮	磷	钾
适量(%)	2.8～2.85	0.39～0.40	3.90～4.10

有机肥和化肥的配合也是配方施肥的重要内容。有机肥料既能培肥土壤肥力,又能供给杏树必要的营养元素,因此对提高杏树产量和质量上有明显作用。试验得出:有机肥与化肥配合施用,比单施化肥(有效成分相同)平均增产34.6%,大小年的差距幅度也显著降低。有机肥料的配用比例,据各地资料,按有效成分计算,一般都达到总肥量的1/3或1/2以上。因此,应广开肥源,增施有机肥,建立以有机肥为主,有机肥与化肥相配合的施肥模式。

三、水分标准化管理

(一)需水规律及灌溉时期与灌水量的确定

杏虽然耐干旱,但在杏树的萌芽、开花到结果成熟等时期,也同样需要较多的水分供应。当土壤田间持水量在

20%～40%时，杏树能正常生长发育，低于15%时，枝叶出现萎蔫现象。干旱严重时，杏树不能正常生长，危及生命，必须灌水。土壤中水分含量充足时，有利于各种无机营养素的分解和释放。土壤中的营养物质，必须先溶解于水变成土壤溶液，才能被杏树根部吸收并运输到其他部位参与有机合成。如果没有水分，肥料就不能被杏树利用。水分的供应状况，对杏树正常生长和结果，起决定性作用。在良好的水分供应条件下，树体能够正常萌芽、开花与坐果，果实膨大，有机营养物质及光合产物积累。

我国北方多属于干旱地区，水资源缺乏，降水偏少且分布不均。近年来，由于干旱频繁发生，水分供需矛盾更突出。为了提高杏的产量和品质，有条件的地方要进行灌溉，为了节约用水，提高水的利用率，需要采取节水灌溉技术措施。

土壤水分状况可通过灌水和排水进行调节。灌水不仅直接满足树体对水分的需要，而且可以增强酶的活动转向有利方面，活跃土壤的呼吸作用，改善二氧化碳对树体的供应和硝化作用。此外，还能调节土温和杏园气温及相对湿度。在生长季中，遇到雨季，土壤水分过多，使枝条不能及时停止生长，组织不充实，降低抗寒力；果实中水分多，发生裂果，影响果实品质。

杏树与土壤水分的生态关系，即杏树对土壤干旱或湿涝的适应性，决定于树种的需水量和根系的吸水能力，同时也与土壤的质地、结构有关。不同质地的土壤，田间最大持水量和容重不同，故其持水量也各异。杏树需水量以土壤原有湿度情况、根系分布深度和田间持水量等作为依据，然后得知在何种土壤条件下，土壤水分的多少状态时需水与否，确定其需水量。

杏树对土壤水分的适应依据根系和砧木而不同。通常实生扁桃的根系深，表现耐干旱。而用桃砧的树体根系分布较浅，需水量则要大些。判断杏树生育正常的水分状况，和冠/根比有关。树冠大、叶面积大，蒸腾量也大，则需水多。然而需水多少或维持一定的水分平衡关系，是受冠根之比所制约。一切有利于地上部生长而不利于根系发育的因素，如早春土温低或多次灌水降低地温等，造成冠根比大，到夏季则杏树易表现缺水受旱。反之，如春季维持应有的适宜叶面积，则后期较抗旱。

杏树是通过叶片的蒸腾吸收地下的无机盐，无机盐再经过叶片的同化作用，满足树体生长发育的需要。如果土壤中水分缺乏，根系从土壤中得不到所需求的水分，叶片就会从果实中夺走水分，满足蒸腾的需要。也就是说，水分不足时，果实首先受到影响，轻则生长缓慢，重则停止生长，甚至萎蔫，而叶片在一定时期内仍保持正常状态。这是由于杏树在干旱时，树体具有抵抗外界不良环境自身调节水分的特性。

杏园灌水的适宜时期和次数，不能硬性规定；而要根据品种、当年降水量和土壤种类而确定。晚熟品种比早熟品种需水量大；干旱地区和降雨少的年份灌水量大，次数多；沙地杏园或清耕杏园，要比保水、保墒好以及采取保墒措施的杏园灌溉多。就杏树生长周期而言，可划分5个灌水时期，分别为封冻前、花前、花后、果实膨大和采后等时期。封冻前灌水，在杏园耕作层冻结之前进行，以利于杏树安全越冬和减轻风蚀。花前灌水，可在杏树萌芽后进行，有利于杏树开花，新梢、叶片的生长及坐果。花后灌水，在花后至生理落果前进行，以满足新梢生长对水分的需求，并可以缓解因新梢旺长而争夺杏果的水分，从而提高坐果率。果实膨大期灌水，有利于加速杏果膨大，以增加单果重和产量，并有利于花芽分化。采后灌水，有利于根系吸收养分，补充树体营养的亏虚和增加养分的积累。

(二)适宜灌水方式及相应的设施建设

1. 地表灌溉

我国目前杏园里所采用的灌溉方式,主要是地面灌溉。就是将水引入杏园内地表,借助于重力作用湿润土壤。地表灌溉通常在杏树行间做埂,形成小区,使水在地表漫流。从杏树行间的一端流向另一端,故两端灌水量分布不均,在每一小区灌溉结束时,入水一端的灌水量往往过量,造成水的深层渗漏,水的浪费问题严重。

在漫灌条件下,水的浪费主要取决于小区的长度和灌溉水面的宽度。灌溉小区越长,小区两端的土壤受水量的差异越大,水的深层渗漏量越大,水的浪费就越严重。小区的灌溉面宽,一方面土壤表面的蒸发量大;另一方面在灌溉后的一段时间里树体处于高消费阶段的时间越长,水的浪费量也越大。因此,通过缩短灌溉小区的长度,可以减少水的深层渗漏的损失。此外,只要一部分根系(树体总根系量 1/10～1/5)处于良好的水分条件下,就可以保证全树的正常生长发育和结果。减小灌溉小区的宽度,也是在采用漫灌时节水的主要途径。

目前普遍采用的软管灌溉技术,是漫灌时减少水的深层渗漏的良好技术。在每一个树盘下做一个小畦,使用软管将水引到小畦内;或者按树冠的大小挖 3～4 个直径 30～40 厘米的穴,穴深 40～50 厘米,穴内添加杂草,使用软管将水灌入穴内。软管灌溉通常使用浅井地下水灌溉。由于浅井出水量小,但水位浅,软管可直接接在抽水机的出水口上,软管的输水距离可达 200～300 米。

细流沟灌,也是地面灌溉中较为节水的灌溉方式。在杏树行间树冠下开 1～2 条深为 20～25 厘米的沟,与水渠相连,将水引入沟内进行灌溉。开沟可使用机械或畜力作业，灌后应及时覆土保墒。进行沟灌时，沟底和沟两侧的土壤依靠重力渗透湿润土壤，并且还可以经过毛细管的作用湿润远处的土壤。细流沟灌时水流缓慢，水流时间相对较长，土壤的结构较少受到破坏，而且地表水分蒸发损失也较少。

2. 喷　灌

喷灌又称人工降雨。它是利用机械和动力设备将水喷到空中，形成细小水滴，模拟自然降雨状态，来灌溉杏园的技术。喷灌对土壤结构破坏性较小，和漫灌相比，能避免地面径流和水分的深层渗漏，可以节约用水；而且采用喷灌方式，能适应地形复杂的地面，使水在园内分布均匀；同时，还可防止因漫灌，尤其是全园漫灌造成的病害传播。另外，喷灌还有利于实现灌溉自动化。喷灌通常可分为树冠上喷灌和树冠下喷灌两种方式。树冠上喷灌，喷头设在树冠之上，喷出的水射程较远，一般采用中射程或远射程喷头，并采用固定式的灌溉系统，包括竖管在内的所有灌溉设施，在建园时应一次建设好。树冠下喷灌，一般采用半固定式的灌溉系统，喷头设在树冠之下，喷出的水射程相对较近，常使用近射程喷头，水泵、动力和干管是固定的，但支管、竖管和喷头可以移动。树冠下喷灌也可采用移动式的灌溉系统，除水源外，水泵、动力和管道均可移动。

3. 定位灌溉

这是指只对一部分土壤进行定位灌溉的技术。一般来说，定位灌溉包括滴灌和微量喷灌（简称微喷）两种方式。滴灌是通过管道系统把水输送到每一棵杏树树冠下，由一至几个滴头（取决于杏树栽植密度及树体的大小）将水一滴一滴地缓慢滴入土中。一般一个滴头的灌溉量为每小时 2～8 升。

微量喷灌的原理与喷灌类似，但喷头小，设置在树冠之下，雾化程度高，喷洒的距离小（一般在1米左右），每一喷头的出水量很少。它每小时的喷水量，小于100升，通常为30～60升。定位灌溉只对部分土壤进行灌溉，与普通喷灌相比，有节约用水的作用，能使一定体积的土壤湿度维持在较高的水平上，有利于根系对水分的吸收。此外，它还具有所需水压低和进行加肥灌溉容易等优点。

由于定位灌溉的每一个滴头或喷头出水量小，分布密度大，因此，必须将其相关设备一次安装好。定位灌溉设备通常由以下4个部分组成。

(1)水　源　灌溉水可用河水及地下水。使用地下水灌溉时，水源部分通常包括机井、水泵和机房。

(2)过滤系统　定位灌溉用水的压力低，滴头、喷头的出水孔直径小，因此，对灌溉水质的要求很高；否则会经常发生堵塞。采用过滤设备，能去除水中的杂质，保证灌溉的正常进行。水中的杂质有两类：泥沙和活的生物。后者如藻类和细菌。可通过过滤将杂质去掉，使水路畅通。

(3)自动化控制系统　这一部分包括自动化灌溉仪和电动阀，可实现对灌溉系统的自动化控制。

(4)灌溉系统　由支管、毛管和滴头或喷头组成。滴头、喷头的密度依其种类、出水量与杏树栽培密度所决定。

4. 地下灌溉

地下灌溉是利用埋设在地下的透水管道，将灌溉水输送到地下的杏树根系分布层，借助毛细管作用湿润土壤，达到灌溉目的的一种灌溉方式。由于地下灌溉将灌溉水直接送到土壤里，不存在或很少有地表径流和地表蒸发等造成的水分损失，是节水能力很强的一种灌溉方式。

地下灌溉系统由水源、输水管道和渗水管道三部分组成。其水源和输水管道，与地面灌溉系统相同。渗水管道相当于定位灌溉系统中的毛支管，区别仅在于前者在地表，而后者在地下。现代化地下灌溉的渗水管道，常使用钻有小孔的塑料管。在通常情况下，也可以使用黏土烧管、瓦管、瓦片、竹管或卵砾石代替。

地下渗水管道的铺设深度，一般为40～60厘米。确定铺设深度，应主要考虑两个因素。首先，是地下渗水管道的抗压能力，也就是说地上的机械作业不会损坏管道；其次，是减少渗透。杏树的根系通常分布在深度为20～80厘米的土层内，管道埋得较深，可以避免损坏，但会加大灌溉水向深层土壤的渗透损失。

（三）节水灌溉与保墒方法

1. 节水方法

杏园节水、保水措施是：由于在我国绝大部分地区都有干旱发生，为了实现杏树丰产、优质栽培，就必须进行灌溉。如果每年在杏树生长期，不进行适时、合理的灌水，不满足杏树生理的需要，要想达到丰产、优质的栽培目的是不可能的。在降水量少的北方地区更是如此。因此，必须十分重视杏树的灌水。但要解决灌水问题，需要一定的资金、人力、设施和机具，并要消耗相应的能源。在具备灌水条件的杏园，如果采取了不合理的灌溉方式，而且在灌后又不采取相应的保水措施，就会造成不必要的人力、物力、能源和水资源的浪费，加大生产成本的投入。

节水主要是通过采取对灌水方式的改进和灌水后的有效保水措施，提高灌水的利用率，从而达到节约用水的目的。在杏园中采取先进的灌水技术，可节约大量的水资源。如采用喷灌方式比传统的地面灌水方式，可节约用水 30%～50%；采用滴灌方式比地面漫灌节约用水 80%。总之，在采用先进灌溉方式的同时，和地面覆盖等保水措施相结合，就会减少灌水次数和用水量，大大提高水的利用率。

2. 保水方法

在杏园采取保水措施就等于灌水。因为在能进行灌水的杏园，保水就可减少灌水量和灌水次数；在没有灌水条件的杏园，保水可以不同程度地缓解杏树需水和缺水的矛盾。杏园保水措施同建立灌溉设施工程相比，它可以就地取材，简单易行，投资少，效果好。国外果园利用自然降水达到 80%，而我国则只有 40%～50%。因此，在利用自然降水方面，我国果园还大有潜力可挖。杏园保水主要有以下措施：

(1)深翻与松土 一般在秋后结合施基肥和清园，进行杏园深翻，深翻可以改良土壤结构，保持秋、冬季的雨雪，有利于杏树度过翌年的春旱。松土保墒是指每次灌水或降雨后，采用人工或机械，及时进行松土保墒。一是结合中耕松土，清除杂草，减少杂草与杏树争水、争肥的矛盾。二是可以防止土壤板结，破坏表层土壤的毛细管水运动，减少地面水分蒸发，从而达到保持土壤水分的目的。

(2)改良土壤 改良土壤主要是改变土壤的组成，调整土壤的三项比例。各种土壤因所含泥沙比例不同，其田间持水量也不同，黏土粒具有较大的吸收和吸附性，所以黏性土壤保水、保肥能力高于沙性土壤。沙质土壤要引淤压沙，改变土壤结构，提高其保水、保肥能力。无论何种土壤类型连年增施有机肥料，都会明显地提高土壤保水、保肥能力。施入有机肥后，矿化分解为腐殖质。腐殖质是一种有机胶体，具有良好的吸收和保持水分、养分的性能，吸收水分是自身的5～6倍，比吸水性强的黏土粒还高10倍。

(3)覆　盖　覆盖保墒，是通过早春开始覆盖农膜、作物秸秆或绿肥，减少土壤水分蒸发，达到保水的目的。北方地区春季一般少雨、干旱和多风，土壤水分蒸发较快，常造成严重缺水，影响杏树发芽、开花对水分的需要。采用地膜覆盖，就会减少土壤水分的蒸发，不仅提高土壤中水分的含量，而且还会提高地温。杏园覆膜试验表明，在不灌溉的前提下，行间营养带覆膜与对照相比，早春0～20厘米深土壤含水量提高1%～2%，还可以减少杂草的生长。

在杏树的行间或全园覆盖一定厚度的作物秸秆，具有良好的保水、增肥和降温作用。此法就地取材，简单易行。无论平地或山地杏园均适用，对无灌溉条件的山地杏园，可缓解杏树需水和土壤供水的矛盾。

在杏树的行间，间作各种适宜的绿肥作物，对于充分利用土地、水分和光能，培肥改土，增加有机肥源以及对节水、保水均有良好效果，而且投资少，简单易行。由于在杏园能利用的空闲地上，间作了覆盖的绿肥作物，使土壤的水分地表蒸发改为植物蒸腾，减少了水分的损失。同时把绿肥鲜体部分刈割覆盖在树下，又能起到覆盖保墒和增肥的作用。毛叶苕子自传种七年的实验结果证明，种植绿肥作物，不仅可使0～20厘米深的土壤含水量比清耕提高1%～2%，而且使夏季地表温度下降5℃～8℃，土壤有机质含量提高0.1%～0.3%，果实累计增产30%。

(4)施用保水剂　保水剂是一种高分子树脂化工产品。外观像盐粒，无毒，无味，是白色或微黄色的中性小颗粒。遇到水能在极短的时间内吸足水分，颗粒体积膨胀350～800

倍，形成胶体，即使施加压力也不会把水挤出来。如果把它掺到土壤中，就像一个贮水的调节器。降雨时，它可贮存雨水，并被牢固地保持在土壤中；干旱时，可释放出水分，持续不断地供给杏树根系吸收。同时因释放出水分，其本身也不断收缩，逐渐腾出了它所占据的空间，增加土壤中的空气含量。这样就能避免由于灌溉或雨水过多而造成的土壤通气不良。它不仅能吸收雨水和灌水，还能从大气中吸收水分，从而在土壤中反复吸水，连续使用3～5年。

(5)采用贮水窖 在干旱少雨的北方，雨量分布不均匀，大多集中在6～8月份。有限的水也会大量流失，所以贮水显得十分重要。贮水有两种方式：一是在树冠外沿的地上，挖3～4个深度为60～80厘米、直径为30～40厘米的坑，在坑内放置作物秸秆，封口时坑面要低于地面，有利于雨水的集中。二是在杏园地势比较低，雨后易积水的地方，往下挖一个贮水窖，贮水窖的大小要根据杏园降水量多少而定。贮水窖挖好后，将四壁用砖砌好，用水泥浆涂刷一遍，防止水分渗漏，对窖口加以覆盖，减少水分的蒸发。下雨时打开进水口，让雨水流入窖内，雨后把口盖住，贮水备用。以上介绍的杏园节水、保水措施，果农可根据自己杏园的具体情况，因地制宜地选用。

(四)防渍排水

在生长季内，天然降雨和过量灌溉使土壤水分过多时，若无排水措施，均可使土壤通气不良，发生水涝现象，使树体生长发育不正常，而影响正常产量。

杏树发生涝害的一般症状，可从树体生长部分表现出来。程度轻时，叶片和叶柄偏上弯曲，新梢生长缓慢，先端生长点不伸长或弯曲下垂。严重时，叶片萎蔫、黄化，提早落叶（老叶先落），根系变黑褐枯死。杏树在生长期间的涝害比休眠期严重，这是因为在生长期间受高温的影响，随着根区温度的增高，涝害严重性增大。杏树的抗涝性主要决定于它的遗传性和对生态条件的适应性。因此，杏的抗涝性与使用的砧木有关，毛桃砧木比山桃的抗涝性强。

杏的根系在水涝时，存在于根系中的氢苷发生水解作用，释放出致毒的氰化氢，抑制根的呼吸和吸收作用，使树体死亡。同时，水涝对杏树植物激素的合成发生影响，根系受水淹后即能减弱赤霉素的合成，影响枝条的生长。

为了使杏树免受涝害，要及时、快速、彻底地搞好排涝工作。排水沟一般应与道路相邻。排水沟的比降一般为0.3%～0.5%。山地丘陵地的梯田，其排水沟应修建在梯田的内沿。盐碱地应设置排碱沟，其深度应超过当地地下水位。如突然遇到大雨形成果园内涝，排水沟不能及时将积水完全排出果园时，应立即架设抽水机排水，以保证杏树根系不致长时间泡在水中。

第六章　杏树标准化整形修剪

一、杏树枝芽的生长特点及修剪特性

杏树多为乔木果树，寿命长，枝干生长量大，树高可达 10 米以上，冠径可达 15 米左右，是核果类果树中树冠最大的树种，大的树冠可以获得较高的单株产量，百年生杏树可结果 500～600 千克。但过大的树冠，不仅单位面积栽培株数少，管理不便，而且常因得不到充足的阳光而导致内膛枝条枯死，大枝上光秃，结果部位外移，尤其在放任生长的情况下更为严重。现代杏园已由大冠稀植而转为小冠密植，以获得较高的单位面积产量。

杏树的枝条生长姿势，因品种不同而分为直立（如凯特）、斜生（如早金蜜）和下垂（如金太阳）三种。一年生枝按性质可分为营养枝和结果枝两类。不同年龄时期枝条的类型有明显的变化。其幼树期枝条全是营养枝，初果期结果枝增多，营养枝明显减少。盛果期枝条几乎 100％为结果枝。结果枝根据长度的不同，可分为长果枝、中果枝、短果枝和花束状果枝。其长度分别为 30 厘米以上，30～15 厘米，15～5 厘米，5 厘米以下（图 6-1）。长果枝一般花芽不太充实，因长势较旺，坐果率较低，不宜留作结果用；可用其扩大树冠或短截后改造成枝组。中果枝生长中庸，坐果率高，是初果期树的主要结果部位。短果枝生长较细，但坐果率最高，它和中果枝构成盛果期杏树的主要结果部位。花束状果枝的寿命较短，一般连续结果 2～3 年后便枯死。杏树一年可抽出 1～3 次副梢，在新梢生长的同时，腋芽即可萌发形成副梢。

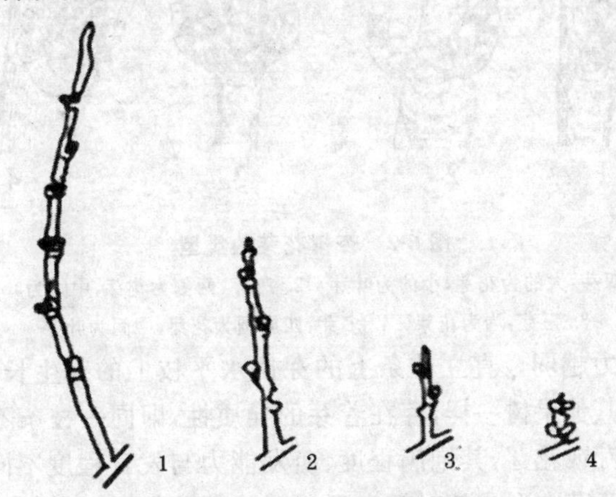

图 6-1　杏树的果枝类型

1. 长果枝　2. 中果枝　3. 短果枝　4. 花束状果枝

杏树的芽是枝叶和花的原始体，所有的枝、干、叶、花都是由芽发育而来的。杏芽为鳞芽，按性质分为叶芽和花芽两类。花芽为纯花芽，较肥大、饱满，绝大多数杏品种花芽萌发后形成一朵花。叶芽比较瘦小，萌发后长成枝条和叶片。杏树的花芽根据着生的方式又可分为单花芽和复花芽。每节上只着生一个花芽的叫单花芽，常分布在中长果枝的基部和顶部，较瘦小，坐果率不高。每节上着生两个以上的花芽叫复花芽，其中较大的一个称为主芽，其余为副芽。最常见的是两个花芽，当中夹着一个叶芽的复花芽。也有三花芽、四花芽乃至更多的复花芽(图 6-2)。复花芽着果稳，坐果率高，多分布在枝条的中部。

杏树的叶芽着生在叶腋间，具有明显的顶端优势，即枝条顶部的芽萌发力最强，抽出的枝条最壮，越往下部，芽萌发和成

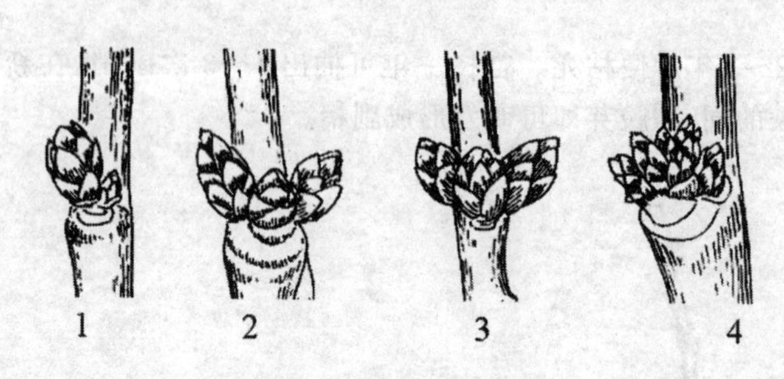

图 6-2　杏树花芽的类型

1. 双芽：大的为花芽，小的为叶芽　2. 三芽：两侧为花芽，中间为叶芽
3. 三芽：均为花芽　4. 多芽：四周围为花芽，中间为叶芽

枝的能力越弱。直立枝条上的芽比水平枝上的芽生长势强。杏树和其他果树一样，存在着芽的异质性，即同一枝条不同部位的叶芽或花芽，其饱满程度、萌发能力与发育程度不同。主要是由于芽在形成的时间和形成时的营养水平不完全相同所致。掌握芽的异质性，对于正确整形修剪是非常重要的。

杏树的叶芽具有早熟性，在形成的当年即可萌发抽生1～3 次副梢，同时还具有潜伏性、潜伏期可达百年以上。潜伏芽在受到刺激或条件适宜时，便可萌发并常常形成徒长枝，故杏树的树冠和枝组较易更新。

杏树芽的萌芽率和成枝率在核果类果树中较低。一般剪口下仅能抽生 1～2 个长枝，3～7 个中短枝，萌芽率在 30%～70%，成枝率在 15%～60%。若修剪稍重，萌芽率、成枝率均可达到 80%以上。品种间差异明显，叶芽萌动较早和较晚的可差 10 天左右。

二、适宜的树形

合理的整形修剪，不仅可以形成合理的树形和树冠结构，有利于通风透光，使生物产量最大限度地转化为经济产量。而且还可以改善树体内部的营养分配、平衡树势，合理调整生长与结果的关系，避免大小年现象，延长经济寿命，达到稳产、高产、优质、高效的目的。目前，比较普遍采用的杏树树形主要有，自然圆头形、疏散分层形、自然开心形、延迟开心形和丛状形。修剪多采用短截、疏枝、回缩、拉枝及长放等相结合的方法。

（一）自然开心形

杏树的此种树形，干高 50～60 厘米，没有中央领导干，全株有3～4 个主枝，各主枝间上下相距 20～30 厘米，水平方向彼此互为 120°角，主枝的基角在 50°～60°。每个主枝上留2～3 个侧枝，主枝和侧枝上错落着生许多各种类型的结果枝组（图 6-3）。

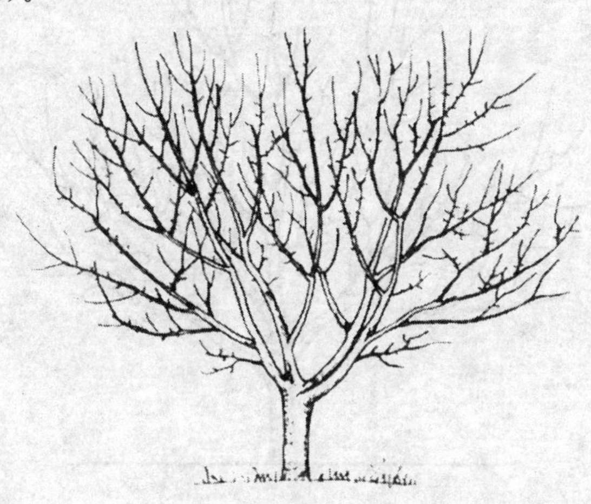

图 6-3　自然开心形

自然开心形树体较小，通风透光良好，果实品质优良，成形快，一般3～4年即可成形，进入结实期早，适于密植。尤其在土壤瘠薄、肥水条件较差的山地发展仁用杏，宜采用此树形。它的缺点是，由于主枝少，定干低，故早期产量较低，管理不太方便，寿命较短。

（二）延迟开心形

杏树的此种树形是一种改良的树形，没有明显的层次。干高70～80厘米，中心干上均匀配置5～6个主枝，最上部一个主枝保持斜生或水平方向，待树冠形成后，将中心干自最上一个主枝上部去掉，呈开心状。这种树形造型容易，树体中等，结果早，适于密植（图6-4）。

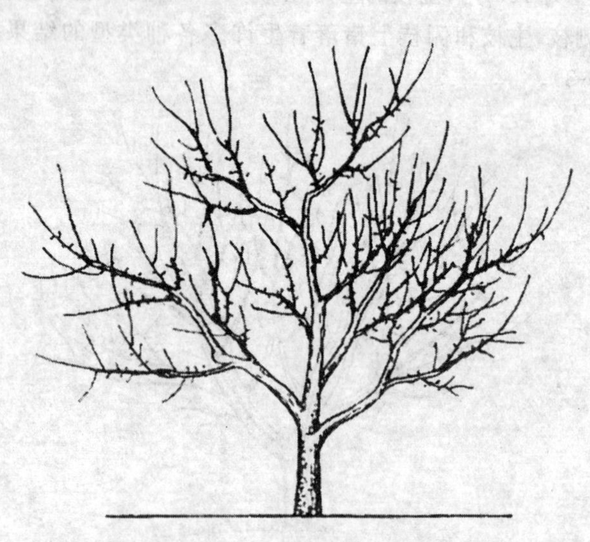

图6-4 延迟开心形

(三)自然圆头形

这种树形是顺应杏树的自然生长习性,人为稍加改造而成。它的主要特征是无明显的中心干。一般干高 50～60 厘米,有 5～7 个主枝,错开排列。主枝上每隔 30～50 厘米留一侧枝,侧枝上配备枝组,也可用大型枝组代替侧枝。整形方法是:苗木定植后,在 80 厘米左右定干任其生长,然后保留 5～7 个骨干枝,除最上部中心主枝向上延伸外,其余各主枝均向树冠外围伸展。主枝基部与树干呈 45°～50°角。当主枝长达 50～60 厘米时剪截或摘心,促其生成 2～3 个侧枝,侧枝分列主枝两侧,主枝头继续延伸。当侧枝生长至 30～50 厘米时摘心,在其上形成各类结果枝并逐渐形成枝组。结果枝组可以分布在侧枝的两侧或上下(图 6-5)。自然圆头形的特点是,修剪量小,成形快,结果早,结果多,易丰产,适合密植和旱地

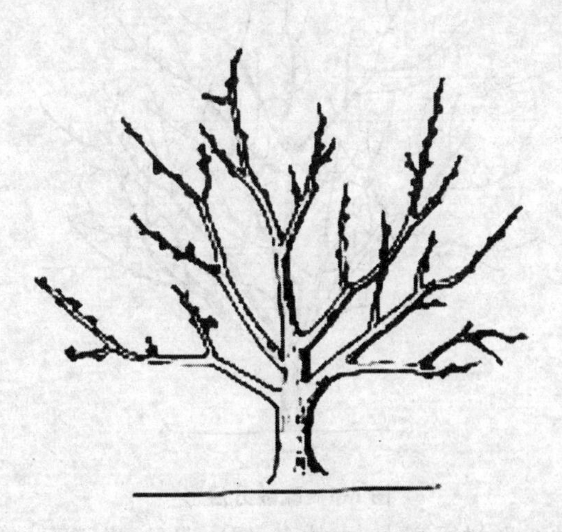

图 6-5　自然圆头形

栽培。其缺点是后期树冠容易郁闭，内膛空虚，结果部位外移，呈光腿现象。树冠外围也易下垂。此树形适于直立性较强的品种。

(四)疏散分层形

有明显的中央领导干，在其上分层着生着6～8个主枝。干高50～60厘米。主枝分3层排列：第一层3～4个主枝，层内距在20～30厘米，第二层两个主枝，第三层1～2个主枝。第一层与第二层间距80～100厘米，第二层与第三层间距60～70厘米，第三层最上部的主枝应呈斜向或水平方向，使树顶形成一个小开心。第一层主枝上各留2～3个侧枝，以后随层次的增加而减少。层间中心干上分布若干个中小型结果枝组(图6-6)。

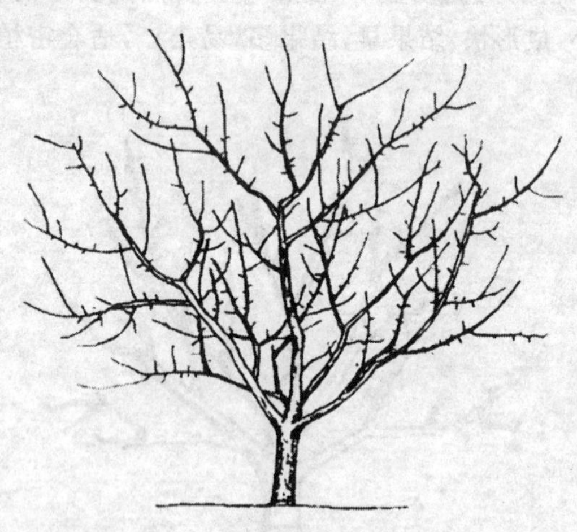

图6-6 疏散分层形

此种树形树冠高大，主枝多，层次明显，内膛不易光秃，负载量大。最适宜树势强健，干性强，土壤肥沃的地方应用。但成形较慢，进入结果期较晚。

（五）丛状形

此树形是目前丘陵山地逐渐普及的树形。其特点是：树体矮化，管理方便，通风透光良好，更新复壮容易。

定干高度一般在10～30厘米，干上着生4～5个健壮的主枝，向四周斜向伸展。每主枝上配2～3个侧枝，一级侧枝距地面60～70厘米，二级侧枝距一级侧枝40～50厘米，三级侧枝距二级侧枝30～40厘米，共有12～15个侧枝。侧枝上着生结果枝组。对于一穴一株的杏树，定干后长出4～5个主枝，冬剪时疏除中央领导枝，其他主枝在30～50厘米处剪截。对一穴多株的杏树，定干高度为60～70厘米。冬剪时对冠内的直立徒长枝和密生枝进行疏除，其他枝留30～40厘米剪截，使其向外延伸，并培养第一侧枝，侧枝剪留长度25厘米左右。整形一定要在保证通风透光的前提下进行（图6-7）。

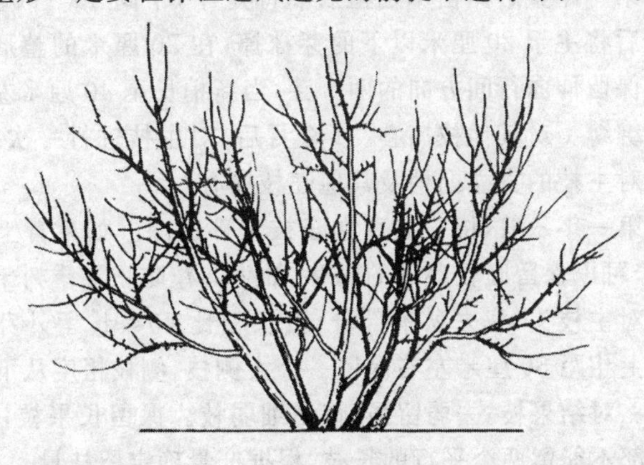

图6-7　丛状形

(六)两主枝开心形

这种树形，就是“Y”字形。它的主枝配备在相反的两个方向上，两主枝伸向行间，夹角为 80°，侧枝配备的位置要求不严，一般在距地面约 1 米处即可培养第一侧枝。第二侧枝在第一侧枝的对面，相距 40～60 厘米。各主枝上的同一级侧枝要同一旋转方向伸展。主枝开张角度要求为 40°，侧枝开张角度为 50°，侧枝与主枝的夹角保持 60°左右。

为了使两大主枝开心形成形快，可以利用一年生枝上的副梢培养第一枝，原主干枝延长拉倾斜 40°作为第二主枝。但第一主枝生长势弱，应缩小开张角度加强生长势。在以后几年的整形修剪中，除继续利用主枝开张角度、平衡树势外，还要利用留芽数和留果数的多少来平衡树势。生长势弱的品种或生长势弱的个别枝条，要注意选留徒长枝加以培养，以改变开张角度，增强生长势。

第一年整形。苗木定植后随即定干，干高 40～60 厘米。萌发后将主干 20 厘米以下的芽抹掉，在 20 厘米的整形带内选择保留伸向行间方向的两个芽，当新梢长至 40 厘米左右时立杆绑缚。对其他枝摘心。1 个月后，对主枝进行一次绑缚，同时对主枝的直立副梢及其他旺枝摘心。

第一年冬剪，将背上直立旺枝全部疏除。如果背上无细弱枝，可以保留旺枝茎部的隐芽，抽生弱枝防止夏季树干日烧病。对主枝头，截去秋梢部分，按长粗比 40∶1，留外芽。在主枝上相距 50 厘米左右保留一个大侧枝，侧枝粗度从下至上递减。对结果枝，去弱留强，疏去细弱枝。保留长果枝，20 厘米内部不能留两个平行的长枝，根据产量确定留枝量。

夏剪时，疏除背上直立旺枝。为使阳光不大面积直射到主干，可以保留5厘米长左右。疏除过密枝，对树冠内交叉过密枝条，应疏除一部分弱枝。对生长季节角度开张不够的枝条，可以采用拿枝的方法加以改变。如果主枝角度开张不够时，可采用拉枝的方法加以解决；但拉枝时要注意绳子不要绑缚过紧，以防绳子勒入木质部，影响主枝的生长。

进行两主枝开心形整形时有几点要注意：一是两主枝夹角不宜超过90°，否则主枝背上易生直立旺枝。二是大侧枝由下至上一定要一级比一级弱，否则下部枝将因得不到阳光而枯死，造成光腿现象。若上部枝强壮，可用重回缩来解决。三是行距一定要大于主枝长度。如果主枝长度超过行距时，可以回缩至下一级侧枝上。

三、不同类型杏树的标准化修剪

（一）幼树的修剪

从苗木栽植以后到第一次开花结果，称为幼树期，也叫生长期。杏树的幼树期与其他果树相比，具有生长强度大，一年多次抽枝即枝条生长旺盛且发枝力强，当年即可成形的特性。因此，这一时期的栽培措施至关重要。应加强土肥水管理、病虫防治、整形修剪等措施，不仅要使幼树健壮生长，而且还要培育出合理的树体结构。

杏幼树生长旺盛，此时期修剪原则是：整形为主，夏剪为主，冬剪为辅，尽快成形，早日结果。主要任务是对主枝和侧枝的延长枝进行短截，以促进分枝，增加枝叶量。短截程度以剪去新梢长度的1/3～2/5为宜，剪口芽留饱满外芽，对各类延长枝的竞争枝，宜采取重短截或疏除的方法，控制其无效生长或培养结果枝组。短截程度至瘪芽处，剪留长度为3～5厘米。对主、侧枝上的背上枝，要及时疏除或极重短截，剪留长度小于2厘米。对延长枝以下的长枝和有饱满芽的中长枝要缓放，使其萌生短果枝和花束状果枝，尽早结果。在中心干上选2～3个枝短截培养中、小型结果枝组。其余枝条作为辅养枝缓放，使其尽早结果。对树冠内膛的直立枝、交叉枝、内向枝和密生枝，要及时疏除，以改善通风透光条件。

（二）初果期树的修剪

从开始结果到大量结果之前，称为结果初期。此期生长仍很旺，树冠扩大迅速，分枝量增加，树体结构初步形成，营养生长占优势，逐步过渡到生殖生长。此期的主要修剪任务是：在保证树体健壮生长的前提下，尽快提高产量，修剪上要注意培养和安排好结果枝，合理搭配各种枝条，培养良好的树形。

作为初果期树，树形已基本形成。此期的修剪，主要是继续扩大树冠，合理调节营养生长和生殖生长之间的关系，改善通风透光条件，防止内膛枝枯死，更新复壮结果枝组。修剪方法冬剪与夏剪应配合施用，仍以夏剪为主。

初果期杏树各类营养生长枝的处理措施，基本与幼树期相同。只是在此基础上，对各类结果枝或结果枝组，应进行适当的调整。此期树上的结果枝，一般均应保留。对坐果率不高的长果枝，可进行短截，促其分枝成为结果枝组。中短果枝是主要的结果部位，可隔年短截，既可保证产量，又可延长寿命，从而避免结果部位外移。花束状结果枝不动。对于生长在各级枝上的针状小枝，不宜短截，以利于其转化成果枝。对于杏树生长势衰弱和负载量过大的结果枝组，要进行适当的回缩或疏除。

(三)盛果期树的修剪

从开始大量结果到树体衰老以前,称为盛果期。此期一般为20～30年,有的可达百余年,是杏树的"黄金时代"。

杏树此期的特点是:根系和树冠已扩大到最大限度,新梢生长较弱,结果部位由树冠的中下部移到上部,由内膛移向外部,结果枝基部光秃,小枝逐渐干枯。此期大量营养供给果实生长,很易造成营养物质的供应、运转、分配与积累平衡关系失调,出现大小年结果现象。除加强栽培上管理以外,还应加强修剪,采取一切行之有效的技术措施,增加树体营养,及时更新枝组,使之合理负载,最大限度地提高产量,增进品质,延长这个"黄金时代",推迟进入衰老时期。

盛果期杏树的整形任务已完成,产量逐年上升,树势中等,生长势渐弱。修剪的主要任务是:调整生长与结果的关系,平衡树势,延长盛果期的年限,实现高产、稳产、优质。对于树冠外围的主侧枝的延长枝应进行短截,剪留长度以延长枝的1/2～1/3为宜。使其继续抽生健壮的新梢,以维持树势。对于衰弱的主、侧枝和多年生结果枝组与下垂枝,应在强壮的分支部位回缩更新或抬高角度,使其恢复树势。对连续结果5～6年的花束状果枝,应在基部潜伏芽处回缩,促生新枝,重新培养花束状果枝。对树冠内的长、中、短果枝多短截,少缓放,一般中果枝截去1/3,短果枝截去1/2。这样,不仅可减少当年的负载,也可刺激生成一些小枝,为来年的产量作准备,同时还可以防止内部果枝的干枯,避免内膛空虚、光秃。对主、侧枝上的中型枝(手指粗细)和过长的大枝可回缩到二年生部位,以免其基部的小枝枯死,避免结果部位外移。内膛发出的徒长枝，只要有空间尽量保留，可在生长季连续摘心，或冬季重短截，促生分枝，培养结果枝组。对树冠外围多年生枝，要有放有缩，以改善通风透光条件。

（四）衰老期树的修剪

从产量明显下降，树体开始衰老，到全株死亡，为衰老期。此期大部分骨干枝光秃，新梢生长量极小，结果枝干枯增多，根系更新能力弱，树体抗逆性显著减弱，产量较少。这一时期一般在40年以后出现。

衰老期的前期要加强肥水管理，多施有机肥，尤其要注意病虫的防治。同时要尽量进行复壮修剪及更新大枝。经过2～3年，即可恢复树体，维持一定的产量。

进入衰老期的杏树，各级骨干枝生长弱，树冠外围枝条的年生长量显著减小，只有3～5厘米长，甚至更短。骨干枝下垂，内膛严重光秃，只在树冠外围结果。修剪的主要任务是：更新骨干枝和枝组，恢复和增强树势，延长经济寿命。

对骨干枝更新回缩的顺序是，按原树体骨干枝的主从关系，先主枝，后侧枝，依次进行程度较重的回缩。主侧枝一般可回缩到3～5年生或6～7年生枝的部位，应为原有枝长的1/3～1/2。回缩时要在较壮的分枝处一次完成。骨干枝回缩后，对其上的枝组和多年生枝以及小分枝，也要回缩。

大枝回缩后，对抽出的更新枝，应及时选留方向好的作为骨干枝，而将其余的及时摘心，促发二次枝，形成果枝。对背上生长势强的更新枝，可留20厘米左右摘心，待二次枝发出后，选1～2个强壮者在30厘米处进行第二次摘心，当年可形成枝组并形成花芽。对内膛发出的徒长枝，也要用以上办法把其培养成结果枝组，以填补空间，增加结果部位。

在对衰老杏树更新前的秋末，应施适量基肥，浇足封冻水。更新修剪后，结合浇水，每株再追施速效氮肥 0.5～1 千克，更新树第二年就会有可观的产量。

(五)放任树的修剪

我国不少杏产区有相当一部分树不整形，不修剪，任其自然生长。这类树通常是树形紊乱，大枝多而拥挤，主从不明，层次不清，内膛空虚、光秃，外围枝条密闭，产量低而不稳，大小年结果现象严重。

改造的方法是，疏除过密、交叉、重叠的大枝，打开光路，使通风透光良好。要选留 5～7 个方向好、生长健壮的大枝作主枝。疏除大枝时，要逐年逐次地进行，先年疏除 1～2 个，翌年再疏除 1～2 个。要避免一年内造成伤口过多，影响树势。对外围和内膛的密生枝、交叉枝、枯死枝和内向枝等，也要疏除。但对内膛发出的徒长枝和新梢，要尽量保留，并加以利用，把它培养成枝组，以充实内膛。

(六)小老树的修剪

形成小老树的原因很多，但总的来说，可归纳为三个方面：一是苗木本身质量所致，即苗木瘦弱、根系差(须根少，断根多，有冻根或病根等)。二是栽培环境差，即土壤贫瘠、干旱和缺肥水等。三是栽培方面所致，管理粗放，连年遭病虫危害或定植穴小，栽植过深或过浅等。

解决的办法是，应该先找出造成小老树的原因，然后才能有针对性地采取有效的措施。总的原则为：首先，要加强土肥水管理。如丘陵坡地和沙荒地土薄，水肥流失严重，应深翻客土，多施有机肥，改良土壤，提高土壤肥力，并做好水土保持工作。其次，要抓住病虫害防治这个关键问题，即对小老树的地上部和地下部病虫害应及时防治，做好护叶养根工作。再则修剪问题不可忽视。修剪上要去弱留强，切忌枝枝打头，把好的叶芽去掉，尽量少去大枝，减少伤口。

小老树以恢复树势为主，应少结果或不结果，待转旺后再结果。此外，小老树一般根系衰老，吸收功能差，除深翻、扩穴施肥外，萌芽后应多次进行根外追肥，以利于梢叶转旺，从而促进根系的新根发生。

四、冬剪与夏剪的标准化实施

（一）标准化冬剪的实施

1. 因树修剪

杏树因品种和单株生长情况的差异，在整形修剪时，不要机械地套搬某种树形，把大树改成小树。应采取因树修剪，随枝造形的原则，只要各主、侧枝合理布局，内膛通风透光良好，树势生长健壮，以达到早实、高产、稳产、优质的目的。

2. 大枝宜在早春萌芽时进行

对大枝（骨干枝等）进行剪截时，由于冬天伤口干裂，不易愈合，易招致病菌寄生，造成朽烂和流胶，所以，宜在早春萌芽时进行；并且剪口上要留 2～3 厘米长的残桩，以利于伤口的愈合和剪口下第一芽的萌发和成枝；锯口要用利刀削平，最好涂以铅油或黏泥，保护伤口。

3. 幼树和新果树要尽快扩冠成形

杏幼树期和初果期，延长枝等短截过重，易发粗枝，造成生长势过旺，无效生长量过大；短截过轻，剪留枝下部芽不易萌发，会形成下部光秃现象。因此，杏幼树在整形时期，延长枝短截应以夏剪为主，即在6～8月份，通过对当年生枝进行抹梢、摘心、拉枝与疏枝等方法，在1～2年内迅速增加分枝，扩大树冠，使其尽快成形，早日结果。

4. 根据品种特点合理修剪

对成枝力低、萌芽力强的品种，如仁用杏的一窝蜂、龙王帽和白玉扁等的幼树，在1～2年内不宜缓放，而应采取适当短截的办法，促生分枝，增加枝量，使其迅速成形。定植第三年后要避免重剪，主要采用对长枝和结果枝组进行缓放的办法，尽量多形成短果枝，使其多结果。中期和后期要回缩更新，恢复生长和结果能力。仁用杏结果枝寿命多为3～5年，要丰产、稳产，就必须注意长枝和结果枝组的培养和更新，控制结果部位外移。待连续结果20年左右开始衰老时，可回缩到多年生枝上，更新复壮。

(1)伤口的处理 较重的修剪，病虫的危害，超重的负载以及大风、雷击等，常常给杏树造成较大的创伤。这些大的伤口，如不及时加以处理，会引起病菌的侵染，导致创面腐烂，严重时使木质部腐朽，造成空心，严重削弱树势，缩短寿命。处理的方法是，将大的锯口用利刀削平，涂上石硫合剂，并用塑料布包裹。冬剪不利于大锯口愈合，要去掉的大枝应留桩20厘米长，待春季萌芽后再自基部锯掉，以利于伤口愈合。风折枝、雷击枝及压折枝均应用锯将伤口锯平，用刀削平后用塑料布包裹。对于老树上的树洞，应清除洞内朽木、泥土，然后填以石块，用水泥或石灰抹平，防止继续朽烂。对于病枝应将局部树皮刮除，露出新茬，涂上涂白剂，并用塑料布包住。伤口最好刮成梭形，以利于愈合。对于人、畜碰伤的大块树皮，也应将边缘处刮平，以利于愈合。较大的创面可采用桥接的方法补救，即选创面下部的徒长枝或萌蘖枝，将其上端削成马耳形，在伤口的上方10～15厘米处斜着切一刀口，将桥接枝削面向内插入，用塑料布条固定并包严。若无徒长枝可利用，则可利用较长的一年生发育枝，两端都削成斜面，作为桥接枝；然后在两端分别插入伤口上下的切口内，用小钉钉住，用塑料布包严。桥接宜在春季萌芽后进行，此期成活率较高。

(2)刮树皮和树干涂白 成年杏树因树皮粗糙，老皮翘起，并形成很多缝隙，而成为许多害虫藏身、产卵和越冬的场所。此外，老树皮增厚，有碍树干活组织的呼吸作用，不利于树的生长发育。因此，每年应对成年杏树进行一次刮树皮的工作，以消灭越冬害虫、虫卵及病菌孢子，促进树体发育。

刮树皮以早春进行为宜。因此时越冬害虫尚未出蛰，虫卵也未孵化，且无树叶妨碍作业，操作较易进行。刮树皮应用专用的刮皮刀，这样既方便，又安全。若无刮皮刀，也可用镰刀代替。刮皮的深度以刮去老皮为度，不宜过深，掌握“见红不见白”的原则。所谓见白就是刮到了韧皮组织，这样会造成伤口，引起冻害和流胶，从而影响树体的生长。刮下的树皮，应集中烧毁。刮皮时，应事先在地面上铺一块塑料布，以便收集和收拾刮下的树皮、碎屑、虫体和虫卵等。除主干老皮要刮外，大枝上的老皮也要刮除干净，特别是分枝处皱褶多，最易隐匿害虫，应仔细刮除。

涂白也是树体保护的一项重要措施，它既可以消灭越冬害虫和病菌，也可防止日灼病。杏树日灼病常发生在新植的幼树和更新修剪的老树上；在高接换头和病虫危害严重而招致落叶的杏树上。日灼病主要是由枝干失去叶幕的遮挡，阳光直射而引起向阳面树皮坏死，甚至腐烂、流胶，招致病害，削弱树势，影响生长和结果所致。杏树日灼病在昼夜温差较大的地区更易发生。

防止日灼病，除修剪时注意不可过重，而应适当多保留枝条外，枝干涂白也是相当有效的方法。在杏树主干和大枝上涂一层涂白剂，不仅可反射阳光，减慢树干增温速度，防止日灼病的发生，而且还可杀死害虫、虫卵和病菌孢子，减少病虫害的发生。

涂白剂的配方是：水 18 升，兽油（或柴油）100 克，食盐 1 千克，生石灰 6～7 千克，石硫合剂原液 1 升。配制方法是：先将生石灰用少许水化开，食盐也化成食盐水，把化好的兽油倒进石灰水中充分搅拌，再把剩余的水加入，搅拌均匀，最后将盐水和石硫合剂加入，混合均匀即成。使用时，用毛刷涂在树干和大枝上，分杈处和根颈部也要涂到。为了防止涂白剂脱落，应增加其黏着力，可在其中加入 1 千克水泥或一些豆浆。要将刮树皮和涂白结合起来进行，即刮树皮后，立即涂白，对于成龄树的防虫灭病效果更好。

（二）标准化夏剪的实施

夏季修剪，是杏树周年管理中极为重要的一个技术环节，修剪合理，能调节营养生长与生殖生长的关系，确定合理的负载量，克服大小年，延长果树寿命等。杏树的修剪也不例外，不同时期杏树的修剪方法和策略不同。

1. 及早妥善处理竞争枝

在整形过程中，对竞争枝的处理是至关重要的。为了减少无效生长量，使树形骨干枝主次分明，竞争枝宜在当年生长季采用摘心、抹梢或拉枝的办法及早处理，以利于提早形成结果枝组或短果枝结果。

2. 幼龄树应快速成形

夏剪对杏树幼龄期快速成形非常重要，千万不要错过时机。我国中部地区，在6月上中旬，当新梢长到60～70厘米时，即可在50厘米左右对其摘心，促发二次枝，以增加枝量，扩大树冠。到7月上中旬，应选择方位、角度和长势适宜的枝条，作为永久性主枝培养，把它拉成70°角，而将其余主枝拉成80°角作辅养枝。主枝上的直立旺枝有空间时，应通过反复摘心加以控制，以培养结果枝组，过多过密时应予疏除。这样在肥水充足的前提下，定植当年，即可形成小树冠。

第七章　杏树花果的标准化管理

一、疏花枝和疏花芽

杏树的花芽是在结果的前一年形成的。它是从枝条、叶腋间的侧生分生组织经过一系列的演化过程而形成的。杏花芽分化一般较其他果树晚。枝条第一次生长停止后5～6天，花芽开始分化。其分化时期与品种、地理、气候条件密切相关。一般中亚品种群的品种分化早，欧洲品种群和伊朗—高加索品种群的品种花芽分化较晚，大约相差20天，品种间花芽分化时间极端相差40天以上。

从花芽开始分化到雄蕊出现的时期，是在6月下旬至8月下旬的高温时节，平均气温为21.4℃～25.5℃。雌蕊大量形成的时期是在9月份，旬平均气温为12.5℃～17.1℃；花芽各部分器官体积增大、花粉母细胞形成和珠心组织出现的时期，是在10～12月份，旬平均气温为7.9℃～5.7℃。花粉形成的时期是从2月份开始，到开花前20天左右结束，适宜温度为10℃～15℃。

在花粉形成过程中，天气再度变冷（寒潮）或突然升温都会使分化停止，招致花芽败育。胚珠原基在严冬停止发育，一直维持到翌春3月初。在开花前迅速发育形成胚囊。胚囊在花蕾开放的第一天达到充分的发育。

合理地疏花枝和疏芽，是杏树花果管理的重要工作之一，必须充分重视，认真做好。疏花枝是去除密生的、交叉的、徒长的和有病虫的花枝，要求疏除花枝后，树冠下的光斑均匀分布于地面上，以保证果实直接见光，使内膛叶丛花枝及短花枝见光充足，形成健壮的花芽。对剪下的病虫果枝，要进行深埋或焚烧。秋季疏枝气温较高，伤口愈合快，剪口反应比冬季弱，树体不易反旺；而且减少了枝量，改变了枝类组成。搞好秋季疏枝，可使保留的结果枝，具有更好的营养和光照条件，能更好地开花结果。

疏花在蕾期进行。具体步骤为先上后下，从里到外，从大枝到小枝，以免漏枝和碰伤不该疏除的花果。保留花蕾的标准为：长果枝留 6～8 个花蕾，中果枝留 4～6 个花蕾，短果枝和花束状果枝留 2～3 个花蕾，预备枝上不留花蕾。

二、辅助授粉

授粉受精是保证正常结果的根本条件。一个充分发育的花芽，待发育到花蕾呈气球形时，雌蕊即已有接受花粉的能力。但此时胚囊的发育仍不十分充分，只有到开花的第一天，雌蕊才进入充分成熟的阶段，即进入最适的授粉时期。在开花后的 3～4 天内，柱头组织保持新鲜状态，并在表面分泌透明黏液，此时有花粉落在其上，即可萌发花粉管，完成受精。但当天气干燥时，柱头会很快变干，变褐，失去接受花粉的能力。因此，在花期喷水，能维持柱头的新鲜状态，可延长柱头接受花粉的时间，有利于促进授粉过程的完成。

杏树的花粉在花开放前，就已在花药内形成了双核，其中一个生殖核，一个营养核。一般情况下，只有当花瓣开裂后，花药才能爆裂，散出黄色花粉借风力或昆虫传播在柱头上。若天气条件适宜，经过 2～3 小时，正常的花粉粒即可萌发花粉管，进入雌蕊的柱头，完成授粉过程。当花粉管进入花柱之后，子房中胚囊的发育完成。与此同时，花粉管中与营养核靠在一起的生殖核，经过一次有丝分裂产生两个精核。花粉管通过珠孔沿着珠心的细胞间隙生长，穿过一个助细胞进入胚囊；此时花粉管尖端破裂，释放出两个精核，其中一个迅速与中心细胞的二倍体极核融合在一起，形成初生的三倍体胚乳核。另一个随后与卵核结合，形成合子。精卵结合从而完成了受精过程。在温暖的条件下，杏自授粉至受精完成需 3～4 昼夜；在自花授粉的条件下，当天气寒冷时，则要 7～8 天的时间。

（一）配置授粉品种

我国大多数杏品种自花不结实或结实率极低。在同一品种的全部花粉中，有相当一部分花粉是不育的，即不能正常萌发长出花粉管。不同品种间，不育花粉的比率存在着明显差异。据张加延等对多个品种经过多年的试验调查得出，杏花粉的一般发芽率为 5.6%～52.6%，自花授粉坐果率为 0～8%，自然授粉坐果率比自花授粉坐果率可平均提高 24.6 倍，采用混合花粉进行人工辅助授粉，平均坐果率比自然授粉坐果率可提高 20%。同时还发现，不同品种间杂交亲和性截然不同，即坐果率有明显差异。据吕曾仁研究(1987)，以串枝红杏为授粉品种，大红杏、二红杏和媳妇杏都有较高的结实率，但分别用这 3 个品种给串枝红授粉，则均不能结实，表明存在着品种间单方不亲和现象。可见，在配置授粉品种时并非任何一个品种都行，必须选择与主栽品种杂交亲和性强，花期一致，花粉量大、花粉生命力强的品种做授粉树。授粉树以株间插栽为宜。授粉树与主栽品种树的比例，应根据栽植密度而定，一般为 1∶4～5。

(二)人工辅助授粉

暂时无授粉树或授粉树较少时,可采用人工辅助授粉的方法来解决。人工辅助授粉最好与花期喷水或喷0.3%的硼砂水溶液结合起来进行,这样可明显提高坐果率。人工辅助授粉的方法如下:

1. 准备花粉

在开花前1~2天,采摘授粉品种的大蕾期花蕾(呈气球状)或初开的花。将花瓣掰开,放在一个细铁筛上揉搓,收集筛下的花药。然后,收集花药,摊于比较光滑的纸上,放在温度为20℃~25℃的室内晾干。经过一昼夜时间,花药即可开裂,散出黄色花粉。将花粉收集于广口瓶中,置于冷凉处保存备用。为了经济有效地使用花粉,在使用前可用滑石粉或甘薯淀粉等稀释剂将花粉稀释,比例(重量比)为1份花粉:5份稀释剂。为使二者充分混合,可用细筛子筛1~2次。

2. 授 粉

点授或抖授均可。点授是将稀释过的花粉,分装成小瓶(装青霉素的小瓶即可)用一个小橡皮头棒或小棉团棒作授粉笔,蘸取花粉向已开杏花的柱头上抹,使柱头沾布花粉。抖授是用两层纱布,将稀释过的花粉扎成小包,拿着小包在花朵上方抖动,使花粉落在柱头上。点授准确,但效率低。抖授快,但费花粉。

在劳力缺乏、水源充足的地方,可将花粉配成5 000倍的水悬液喷雾,效果亦佳。花粉水悬液应随配随用,不能久放。因贮放1小时后的花粉,会因吸水而涨破。

人工辅助授粉宜在盛花期进行。杏花期短促,应事先做好充分准备。在授粉前,可将过多的花和不完全花摘除。这样既节省授粉劳力，也可起到疏花作用。杏花梗脆，易折断，授粉时应小心，切勿将花碰伤。在春天干旱、花期又常刮风的地区，可将人工辅助授粉与盛花期喷水或喷0.3%硼砂水溶液结合起来，授粉效果会更佳。

三、合理疏果

（一）疏果的作用

在花量过大、坐果过多和树体负载量过重时，正确运用疏花疏果技术，控制坐果数量，使树体合理负担，是调节结果大小年和提高果实品质的重要措施。其主要作用是：

1. 使杏树连年稳产

花芽分化和果实发育往往是同时进行的。当营养条件充足或花果负载量适当时，既可保证果实肥大，品质好也可促进花芽分化；花果过多时，则营养的供应与消耗之间发生矛盾，易削弱树势，出现大小年结果现象，而当年生产的果实小，内质差，很难形成优质高档果。因此，进行合理疏花疏果，是调节生长与结果的关系，达到连年稳产、优质的必要措施。

2. 提高坐果率

疏花疏果尽管疏去了一部分果实，但它的作用在于节省了养分的无效消耗，减少了养分竞争矛盾，并且减少无效花，增加有效花比例，从而可提高坐果率。杏树坐果位置好，前期生长正常，是形成优质果的基础。

3. 提高果实品质

由于减少了结果数量，整体营养充沛，果实在树冠上分布位置均匀，对就近枝叶养分供应转化有利，使留下的果实肥大，整齐度提高。

（二）疏果的方法

疏果必须严格依照负载量指标确定留果量，以早疏为宜。生产上要求疏果，应于幼果第一次脱落后及早进行，减少对光合产物和养分的竞争，增大留在树上的果实体积，去除形状不正和偏小的果实。通过试验示范认为，生产优质果应依照每公顷 22 500 千克的负载量标准，采用果间距为指标进行疏果和留果，具有较强的可行性。如对中等长势的早金蜜杏疏果时，长果枝两果之间的距离多控制在 10～15 厘米，短果枝留单果。

四、果实套袋

果实套袋能改善果面光洁度，增进着色，减少病虫危害，降低农药残留；同时可以防止裂果，防止日灼，防止冰雹和鸟害。所以，套袋是一个简便易行、效果明显的生产高质量果实的措施。由于果实套袋对提高果实外观品质的效果十分显著，使果实的市场竞争力和售价大幅度提高，因而经济效益十分可观。

（一）套袋时间与套前喷药

1. 套袋时间

在定果后进行套袋。郑州地区，杏果套袋一般在 4 月 10～20 日实施。

2. 套前喷药

套袋前，先对全园进行一次大扫除，并喷施高效氯氰菊酯 1 500 倍液加大生 M-45 杀菌剂 600 倍液药液，可杀死果实上的虫卵和病菌。

（二）选袋与套袋

1. 选　袋

杏树的绝大多数品种都是果实黄色的品种，所以，可以选用浅颜色的单层袋，如黄色、白色袋即可。特别是在杏容易裂果和有冰雹的地区，最好选用浅色袋，直到成熟时才取袋。对着色很深的品种，可以用深色的双层袋，直至成熟前几天才可将袋去掉，从而使外观十分鲜艳。

2. 套　袋

杏的果柄很短，不同于苹果和梨，所以，将袋口挂在果枝上用铅丝或铁丝一同扎紧。如果绑得不牢固，风就会吹动纸袋打转，这不但磨损果面，而且还会引起落果。套袋时，还要注意不要将叶片绑进果袋中。

（三）果实管理与去袋

1. 套袋后的果实管理

套袋后，果实因不能进行光合作用，风味会变淡；同时果实蒸腾量减少，随蒸腾液进入果实中的钙减少，果实肉质变软。所以，对套袋果要加强肥水管理，除秋施基肥时加入过磷酸钙外，还要进行叶面喷钙。一般在套袋后到采收前，每10～15 天喷一次 0.3%的硝酸钙溶液。

2. 去袋技术

根据品种、气候和立地条件的不同，去袋时间也不同。一般浅色袋不用去掉，采收时可将果与袋一起采下。在雨水多、容易裂果和有冰雹的地区，最适宜采用此方法。去除双层袋，一般品种在采收前 7～10 天进行，紫色品种在采收前 3～4 天进行。具体去袋最好在阴天或多云天气时进行，为了使受光面逐步过渡，可在上午10～12时去树冠北侧的袋，下午5时去树冠南侧的袋。也可以先把袋的下部拆开，两天后再全部去袋。

五、株产量与单位面积产量指标

株产量是指一株树的产量；单位面积产量是同一样单位面积上果树的所有产量。单位面积栽植的株数不同，其树体的大小、产量的高低是有区别的。栽植株数少的株产量一般会高于栽植株数多的株产量，但是，单位面积的产量就不一定有栽植株数多的产量高。产量是由单个果实构成的，了解果实的发育规律，对控制产量、提高品质均有好处。

果实生长：正常花开放以后，经过授粉受精，幼果开始发育。果实发育期即从盛花期至果实成熟期，大致可分为：第一次果实速长期、硬核期和第二次果实速长期三个阶段。杏果实发育的各阶段，其体积的大小，占采收时果实重量的比例不同。第一次速长期占果实采收时重量的29.1%～59.9%。此期果实的大小，直接决定成熟时果实的单果重，是构成产量的主要时期。早熟品种尤其如此，其大小占果实采收时重量的50%以上。硬核期及胚发育期，各品种生长速度均比较慢，所占产量的比重较小，一般为4.2%～19.4%。第二次速长期是影响产量的另一个重要时期，占产量的12.7%～31.7%。

杏品种间果实的大小有很大差异。根据果实单果重可将其分为4级，其中1A级单果重<50克，2A级单果重50～79克，3A级单果重80～109克，4A级单果重≥110克。同一单株树上的果实大小，因坐果的早晚、着生部位及单枝负载量的不同而有明显的差异。杏品种间由于果实大小不同，从而使其果实生长动态的变化规律也有显著区别。据辽宁省果树研究所

对龙王帽、麦黄杏和晚熟杏等八个杏品种调查，果实纵径、横径和侧径增长变化规律基本相同，大果品种和小果品种的果实生长，分别呈现出双S形和单S形曲线。杏品种间果实的第一次生长高峰基本相同，即从受精后果实膨大开始至30天左右。果实生长进入缓慢生长期（硬核期）后，大果品种果实生长速度仍然较快，而小果品种果实生长速度则明显减慢，甚至处于停止状态。果实成熟前20天左右，大果品种果实生长速度明显加快，出现第二次果实生长高峰，小果品种则无明显的第二次果实生长高峰。杏果实生长特性与果实成熟期关系不大。

果实发育期与有效积温总量有关。一般杏整个发育期的有效积温总量1 297℃～2 064℃，视品种不同而异。2月下旬至3月中旬，如果平均气温比常年低1℃左右，花期推迟5～7天，成熟期推迟2～3天，发育期缩短3～5天；4月中旬至5月上旬，即第一次果实速长期；若天气干旱，温度比常年高1℃左右，果实发育期就会缩短7天左右，平均单果重下降5%～8%；如整个发育期温度偏高，或后期偏高，都会提早成熟，降低单果重。前一年秋、冬季干旱或者当年春季干旱，都会直接影响第一阶段果实的增长速度，从而影响产量。因此，冬灌和花前浇水是夺取杏高产的重要措施。

杏树产量按生产优质果品计算，每667平方米产量控制在1 500～2 000千克即可。可根据每667平方米栽植的株数，把产量平均分配到每一株树上。但是每株树的大小、生长强弱也有区别，树体大、生长强的植株，其结果量要比平均数高一些；反之要低一些。如每667平方米种植100棵树，每667平方米产量按2 000千克计算，则平均每株产量为20千克。单果重按50克计算，则每株的留果数量为400个，再加20%的保险系数，平均每株的留果数量就成为480个。按照这个数量留果，就可以达到丰产、优质的目的。

六、提高杏果品质的调控技术

杏的果品质量，主要是指杏果外观品质、内在品质及贮藏与加工品质。杏果的外观品质，包括果个大小、形状、色泽、洁净度、整齐度、有无机械损伤及病虫害痕迹等；内在品质包括食用安全性、果肉质地、风味甜酸、香气浓淡和果汁多少等；贮藏与加工品质，主要是指耐贮性高低、贮藏生理病害发生程度，以及是否具有加工的特殊需要等。对于杏果的主要品质指标，可采取以下技术进行调控：

（一）果实大小的调控

加强综合管理，生产出品种应有大小的果实，应采取以下措施：

第一，尽量满足杏树生长发育所需的环境条件，尤其是满足其对营养物质的需求，并进行合理的修剪，以维持良好的树体结构和光照条件，增加叶片的同化能力；适时适量保障肥水供应等，都有利于促进果实的膨大和提高果实品质。

第二，进行人工辅助授粉，除了可以提高坐果率外，还有利于果个增大和端正果形。

第三，进行疏花疏果。植株果实负载量过多是果个变小的主要原因之一。因此，疏花疏果，选留发育良好的果实，使树体有足够的同化产物和矿质营养，满足果实发育的需求。

（二）果实色泽的调控

果实的颜色是评价外观品质的另一个重要指标，在生产上可以依据不同种类果实的色泽发育特点进行调控。

第一,合理修剪,改善光照条件。对诸如杏树等木本果树,通过整形修剪,缓和树势,改善通风透光条件,提高光能利用率,促进光合产物积累,增强果实着色。

第二,加强土肥水管理提高土壤有机质含量,改善土壤团粒结构,提高土壤供肥、供水能力。矿物质元素与果实色泽发育密切相关。过量施用氮肥,影响花青苷的形成,导致果实着色不良,故果实发育后期不宜追施氮素肥料。在果实发育的中、后期,增施钾肥,有利于提高果实内花青苷的含量,增加果实着色面积和色泽度。钙、钼、硼等元素,对果实着色也有一定的促进作用。要适量施用此类元素的肥料果实发育的后期(采前10～20天),保持土壤适度干燥,有利于果实增糖着色。此期灌水或降雨过多,均将造成果实着色不良,品质降低。

第三,进行果实套袋。套袋是提高果实品质的有效措施之一,除能改善果实色泽和光洁度外,还可以减少果面污染和农药的残留,提高食用安全性,预防病虫和鸟类的危害,避免枝叶擦伤果实。

第四,在树下铺反光膜。在杏树下铺反光膜,可以改善树冠内膛和下部的光照条件,解决树冠下部果实和果实萼洼部位的着色不良问题,从而达到果实全面着色的目的。

(三)果面光洁度的调控

在果实发育和成熟过程中,常因管理措施不当,以及受外界不良气象因子的影响,导致果实表面粗糙,形成锈斑、微裂或损伤,影响果实的外观,降低商品价值。提高果面光洁度的途径可从以下几个方面入手解决:

第一,进行果实套袋。套袋可使果皮光洁、细嫩,色泽鲜艳，减少锈斑，且果点小而少，从而提高果实的外观品质。

第二，合理施用农药和叶面喷肥。农药及一些叶面喷施物施用时期或浓度不当，往往会刺激果面变粗糙，甚至发生药害，影响果面的光洁度和果品性状。因此，要适时、适量、适药与适肥地喷施好农药和叶肥。

第三，要喷施果面保护剂。喷施 500～800 倍高脂膜，可减少果面锈点，对提高果实的外观品质明显有利。

第四，洗果。果实采收后，在分级包装前进行洗果，可洗去果面附着的水锈、药斑及其他污染物，保持果面洁净光亮。

（四）果实风味的调控

果实风味是内在品质最重要的指标，也是一个综合指标。果实品质的形成与生态环境有密切关系。因此，只有依据杏树生长发育特性及其对立地条件、气象条件的要求，做到适地适栽，才能充分发挥品种固有的品质特性。土壤的有机质含量和质地，立地的温度和降水量，都直接影响果实的风味。

叶幕微气候条件对果实品质有很大的影响。由于叶幕层内外光照水平不同，其相应部位果实内的糖、酸含量也不同，一般外层果实品质较好。因此，在杏树整形修剪时，选择小冠树形，减少冠内体积，而相对增大树冠外层体积，可以提高果实品质。棚架栽培，由于改善通风透光条件，营养分配均匀，因而果实品质风味好。

合理施肥和灌水，可有效改善果实风味。果实发育后期，轻度的水分胁迫，能提高果实的可溶性糖及可溶性酸含量，使果实风味变浓；但严重缺水时，会降低糖、酸含量，而且肉质坚硬、缺汁，风味品质下降。水分过多会使果实风味变淡。一般地说，施用有机肥有利于提高果实风味，而化学肥料则降低果实品质。不同化学肥料对果实品质的影响也不同。

为了保持正常的生长发育，杏树必须不断地从土壤中吸取各种养分。又因为杏树是多年生果树，一旦定植，就要固定在一处完成一生。因此，及时补充适量的养分，才能满足杏树树体生长发育的需要，得到优质、丰产的果实。

1. 大量元素对杏树生长与结果的影响

氮、磷、钾是杏树生长结果必不可少的主要元素。据资料报道，杏树要健壮生长，达到优质高产，叶中主要元素最适宜的含量为：氮 2.8%～2.85%，磷 0.39%～0.40%，钾 3.90%～4.10%，叶子中的氮与钾的比率保持在 0.86～0.92，就可以达到最高的产量水平。当杏树缺少某种元素或某种元素过多时，常常会表现出一些症状：

(1)氮 氮是树体中蛋白质、酶类、核酸、磷脂、叶绿素及维生素等的重要组成成分。可促进营养生长，延迟衰老，提高光和效能和产量，增进果实品质。氮素不足，影响蛋白质形成，树体营养不良，枝梢细弱，叶片变黄，生长发育受到抑制，土壤氮素不足时果仁不饱满。氮素过量，树体徒长，花芽分化不良，落花落果严重，果实品质、产量均降低。

不同形态的氮的转化是依靠存在于土壤中的微生物来实现的。氨离子转化为硝酸根离子时，它就会运动，对杏树更有效。氮肥中的尿素是由氨气和二氧化碳合成的，尿素易于溶解且不带电荷，和硝态氮一样在土壤中能自由移动。

缺氮时，叶片小，呈灰黄绿色，树体生长势衰弱，坐果差，果个变小，产量下降。氮素过多，能引起流胶，生长过旺，推迟结果，果实品质欠佳。当杏叶片中氮素含量为 3.5%时，会导致杏树中毒，叶片烧焦、脱落，严重时整株死亡。

(2)磷 磷是植物细胞中形成原生质和细胞核的主要成

分，因而，磷素能增强杏树的生命力，促进花芽分化、种子和果实的正常发育与成熟，并提高果实品质；提高根系吸收能力，增强树体抗旱、抗寒能力。土壤中磷肥不足时，会使土壤上所生长植物酶活性降低，影响糖类（碳水化合物）和蛋白质代谢，展叶开花推迟，根系生长不良，叶片变小，花芽形成不良等。但磷素过多，又会影响氮、钾的吸收，使土壤和树体中的铁元素不活化，致叶片黄化。

缺磷时，易引起杏树生长停滞，枝条纤细，叶片变小和脱落，坐果率低，产量大减。但磷素过量又会抑制氮素和钾素的吸收，引起生长不良。

(3)钾 钾不是组织成分，但与许多酶的活性有关。对糖类（碳水化合物）代谢，蛋白质、氨基酸合成，以及细胞水分调节，都有重要作用。钾元素不足时，叶色变淡，叶小而皱缩卷曲，叶缘焦枯。新枝变细，节间变短，生理落果多，产量低，花芽少。但钾素过多时，又会降低吸收镁的功能，使树体出现缺镁症，这样又影响了钙和氮的吸收。

缺钾时，杏树叶片小而薄，黄绿色，光合效率低，叶片枯焦，影响树体的生长和结果，严重时整株枯死。

2. 部分微量元素对杏树生长与结果的影响

硼、铁、铜、钙、镁与锌在杏树的生长发育过程中，也起着重要作用，如果缺乏，也会对杏树产生不良影响。

(1)硼 硼影响某些酶的活性，影响混合物和蛋白质合成，增强糖类（碳水化合物）的转化和运输，促进花粉萌发和花粉管的伸长，对子房发育也有一定的促进作用。缺硼时，首先表现在当年生新枝上，由上向下枯死，新叶小而扭曲，叶片的主脉黄色，并呈木栓化。其次是树干流胶，易引起整株死亡。三是树皮粗糙，根系生长点因饥饿枯萎。

缺硼时，还会使小枝顶端枯死，叶片小而窄、卷曲、尖端坏死，脉、脉间失绿；果肉中有褐色斑块，核的附近更为严重，常常引起落果。但硼素过多时，1～2 年生枝显著增长，节间缩短并出现胶状物。小枝、叶柄、主脉的背面表皮层出现溃疡；夏天有许多新梢枯死，顶叶变黑脱落；坐果率低，果实早熟；有少数异常的果实上，有似疮痂病的疙瘩，成熟时才脱落。

(2)铜 铜离子是许多酶的重要组成成分，对光合作用有重要作用，也促进维生素 A 的形成。铜离子不足时，生长中的新梢部分枯死，叶色暗绿，进而叶脉间叶肉失绿呈黄绿色，网状叶脉仍为绿色。顶端叶变成窄而长，边缘不规则的畸形叶，顶端生长停止而形成簇状叶。铜在土壤溶液中的存在形式、特性与锌相似。

缺铜时，新梢先端干枯，生长停止，促使侧芽萌发生长，同时也妨碍杏果品质的提高。

(3)铁 铁是叶绿素合成和保持必需的元素，是许多酶的必要成分，参与光合作用。植物的缺铁症先表现在枝条的新叶上。缺铁的叶脉绿色，叶脉间叶肉会失绿枯死，果实变小。

缺铁：起初新梢顶端的嫩叶叶肉变黄，叶脉两侧仍保持正常绿色，叶片出现绿色网络状。随着病势的发展，叶片失绿程度加重，甚至整片叶变白。在失绿部分还出现锈褐色枯斑，或叶缘焦枯，数斑相连，使叶片大部分焦枯，引起落叶。盐碱地和碱性土壤里，大量可溶性二价铁易转化成植株不易吸收的不溶性三价铁，造成失绿现象，同时也损害杏果的内在品质。

(4)钙 钙参与细胞壁的构成，为细胞分裂所必需，又是某些酶的活化剂。钙在植物体内移动性很小，缺钙时根系生长到一定长度，根尖开始枯死，后又长出新根，如此加密后形成膨大弯曲的根；枝条顶端上的嫩叶，也因缺钙变得简短，或中脉处坏死。严重时，枝条顶端及嫩叶坏死，呈火烧状，并迅速向下部枝条发展，致使许多小枝完全枯死。

轻度缺钙，幼根根尖停长，而皮层却继续加粗，距根尖较近处生出许多新根。缺钙严重的树，幼根逐渐死亡，死根附近的活组织中又长出新根。故许多短而粗又有许多细分枝的根，是根部缺钙的典型症状。地上部缺钙症状，常在新梢抽生几厘米乃至十几厘米时出现，先端幼叶开始变色，叶面上形成淡绿色斑，经 1～2 天后即转茶褐色并形成坏死区，叶片尖端下卷。缺钙，也损害杏果的品质。因此，杏树缺钙时，不可偏施钾肥。

(5) 镁 镁元素是叶绿素的组成成分，也是许多酶系统的活化剂，能促进磷的吸收和转移，而且有助于单糖在树体内的运转。镁元素在植物体内可移动，易被重复利用。镁元素开始显示不足时，表现为大树叶片呈深绿或蓝绿色，有水渍状斑点，斑点周边有紫红色，坏死区变成灰白色、浅绿色、淡黄棕色、棕褐色。老叶边缘褪绿焦枯常常落叶。镁元素严重不足时，叶片早期脱落。缺镁时，果实变小，而且色泽不鲜。缺镁常见于酸性土壤，尤其在夏季雨后症状特别明显。

(6) 锰 锰元素是叶片形成叶绿素和维持叶绿素结构必需的元素，也是许多酶的活化剂，在光合作用中有重要功能，并参与呼吸过程。锰离子不足时，叶片长到一定大小后呈现特殊的侧脉间叶肉失绿。当锰离子严重不足时，叶脉间出现坏死斑，并早期落叶，引起新枝坏死，树体叶片稀少，从而影响果实的产量与质量。锰离子在土壤溶液中的存在形式特性与铁相似。

(7) 锌 锌参与植物生长素、核酸、蛋白质的合成，是某些酶的组成成分，可能与光合作用中二氧化碳的供应有关。其主要功能是促进植物的生长发育和增强对真菌和低温的抵抗力。杏树缺锌时，新梢生长受阻，叶小而脆，丛生，通常称小叶病。叶片变小，自然对果实的产量与质量也产生不利影响。

3. 保持营养平衡，提高果实风味

防止杏树发生缺素症，保持树体营养平衡，可以有效提高杏果的风味。通常采用土壤施肥、叶面喷肥、树干注射和种植绿肥作物的方法。最根本的措施，是深翻改土，施入大量有机肥，合理施用化肥，改善土壤理化性状，调节好土壤的 pH 值。

七、合理灌水

（一）适量水分营养促进杏树生长发育

水在植物生长发育过程中具有两方面的最基本功能。一方面，水是生命细胞中含量最多、维持原生质正常结构必不可少的成分，也是细胞壁的结构物质。所有细胞的新陈代谢必须在水介质中进行，且水本身也直接参与细胞的多种代谢反应，是许多代谢过程的反应物与产物。许多离子化合物和能够与水形成氢键的极性化合物都溶于水，有利于细胞与周围环境进行物质交换。水分作用于细胞壁产生的膨压有利于气体交换，良好的细胞膨压是保证细胞分裂与膨大的基本前提。另一方面，在整个植株水平上，水是各种物质在体内运输流动及贮藏的基质。植物根系从土壤中吸取的必需营养元素必须依靠水分疏导运输到各个需要的器官，植物叶片制造的光合产物在器官间的分配也是依靠水分的运送完成的。除此之外，水的高比热和较高的蒸发热，既可以缓冲环境中温度的突然变化对植物体的伤害，也可以通过蒸腾作用将植物接收到的多余能量散发到周围环境中去，从而维持适合植物生命活动和生存的温度环境。因此，水分营养水平直接影响杏树的生长发育、产量和果品质量。

(二)适量水分营养促进果实产量

1. 花芽分化与水分

土壤水分、营养状况影响树体的花芽形成,干旱通常能增加杏树的花芽形成数量。研究表明,花芽形成数量与灌溉量呈直线负相关的关系,灌溉量越多,花芽形成的数量越少。在水分亏缺的情况下,花芽形态分化的进程减慢,花期延迟。并且,晚开的花常常发育不正常,如花丝变长或花药呈花瓣状,胚珠和花粉败育的比例也很高。

2. 坐果与水分

水分营养对杏树坐果的影响取决于结果的多少、水分亏缺的程度和干旱发生的时期。结果过多、生理落果期水分亏缺严重,易造成大量落果。

3. 果实生长与水分

干旱对杏树生长最显著的不良影响,就是影响果实的生长。如在果实最后迅速生长阶段,对杏树不灌溉,其果实的日生长速度为 1.6 毫米;而正常灌溉树上的果实,日生长速度却达 2.6 毫米。笔者在生产实践中也发现,干旱年份里,果实生长速度慢,采收时果实体积小。而灌溉最明显的作用是促进果实的生长,能获得较大的果实。

但需要强调的是,果实生长速度并不与土壤水分营养呈直线的正相关的关系。这就是说,灌溉量大,树上所结的果实不一定就大。通常只有在土壤水分、营养降低到一定的水平之下时,果实的生长才会受到影响,果实的体积才会小。

4. 产量与水分

由于水分营养影响杏树的花芽形成、坐果和果实的生长,因此，树体的水分营养状况显著地影响杏树的产量。通常，灌溉能增加产量，但杏树产量与灌溉量并不呈直线的正相关关系。并且，在试验中经常发现，灌溉量最大的杏树并不能获得最高的产量。

（三）适量水分营养增进果实品质

果实品质与水分营养关系密切，土壤水分营养除影响果品的风味品质外，还会影响到果品的外观品质和贮藏品质。

1. 外观品质与水分

水分条件主要影响果实的大小和色泽。果实生长与水分营养的关系在前面已经做了较详细的描述。要再次强调的是，杏树承受适度的水分胁迫并不减少采收时的果实大小，只有在土壤水分营养降低到临界水平之下时，采收果实的体积才显著地变小。

在灌溉水太多的情况下，杏树树体营养生长旺盛。一方面树冠内光照条件较差；另一方面果实内糖分积累少、含量低，从而导致果实品质差。而在极端干旱条件下，杏树叶原基的发生受到抑制，树体叶面积小，全树的光合物产量少，也会导致果实糖含量低。在干旱条件下，树体蒸腾过弱，不利于果实的降温。

2. 风味品质与水分

果实的风味品质取决于果肉质地、糖酸比和香味三个主要因素的平衡，而这一平衡通常受到树体水分营养条件的影响。一般来讲，随着土壤水分营养水平供应能力降低，采收时果实的含糖量增加。水分营养对果实内的含酸量的影响较小。另一方面，土壤水分营养水平过低，也对果实品质产生不利的影响。如汁含量减少，硬度增加，口感较差。

3. 贮藏品质与水分

果实生长发育过程中的水分营养条件，不仅影响采收时的果实风味品质，还影响采收后的果实贮藏品质。在冷藏条件下，来源于水分胁迫树上的果实，在贮藏过程中的蒸腾速率低于正常灌溉树上的果实。此外，果实释放乙烯的速度也受到影响。通常情况下，灌溉量越大，果实的耐贮藏能力越差。

对于上述影响果实品质的三个方面，应综合考虑。无论是灌水太多，还是土壤水分营养缺乏，都会对果实品质产生不利的影响。只有当土壤水分营养维持在一个适度的范围内时，不利的影响较小，果实的综合品质才好。

（四）适量水分营养促进根系生长

根系生长与土壤水分条件密切相关。良好的土壤水分条件，是保证根系正常生长、新根原基发生及根系正常功能发挥的重要条件。干旱情况下，根系生长速度减慢，根原基发生少，根的分枝少，根韧皮部形成层活力差，根部顶端的木栓化速度加快，从而影响根的吸收功能。而吸收功能的好坏，又影响到树体的生长和果实的产量与品质。

适宜根系生长的土壤水分，为田间最大持水量的60%～80%。从大田根系土壤剖面分布情况看，干旱条件下根系发生的数量，要比经常灌溉的根系多，且分布深。如年灌溉量155毫米的根系数量是灌溉量284毫米树的1.52倍。

（五）科学管理水分，实现优质丰产

鉴于上述特点，在栽培管理中，一定要将杏园土壤的水分含量，控制在适宜的范围之内，使水分的管理做到适时、适量、适法和适质，保证杏树果实达到安全、优质和丰产的标准。

第八章　病虫草害标准化防治和自然灾害的防御

一、杏树各物候期病虫草害的综合防治

无公害杏果品生产的病虫害防治，是以预防为主，以生物防治为重点的农作物病虫害综合防治。

（一）种源的选择和处理

种源应尽量选择抗病虫的品种（但不能是基因工程品种）。所谓抗病品种，并不具有永久性，一般在连续种植几年以后就会退化为易感病的品种。所以，抗病品种是需要不断地筛选和复壮培育的。种苗应尽量选择无病树、健壮的秧苗。

（二）农业防治

农业防治是通过采取常用农业手段，如翻耕、灌水、修剪、轮作、覆盖、间作、套作、清园和推广抗病品种等技术措施，达到防治病虫害目的的方法。杏园采用修剪、整枝、清园和摘除虫茧等方法，减少越冬虫源；间作不仅能减少一些土壤虫害，而且也能减轻土传病害；有机农业基地外围的隔离物，也可以减少外来病虫源。上述农业措施，可有效地防治病虫害。

（三）物理防治

物理防治是指用物理方法引诱、捕杀、隔绝和驱除害虫，

从而达到控制害虫的目的(表 8-1)。

表 8-1　防治虫害的物理方法

方　法	防治目的
扫虫网或机动吸虫机	杏园中的叶蝉、飞虱
银光薄膜覆盖	蚜　虫
黑光灯	诱杀杏园中几十种鳞翅目、鞘翅目害虫
黄光灯	吸果夜蛾
声波干扰或性诱剂	干扰和减少害虫的交配繁殖
脉冲放电、电击	防治和消灭钻蛀害虫和地下害虫

(四)生物防治

生物防治是利用某些生物或生物代谢产物,来控制害虫发生和危害的方法。杏园存在大量害虫的捕食性、寄生性、病原性的天敌,只要采取保护措施,增加害虫天敌个体数量,或利用微生物农药,就可以达到防治目的。小地老虎和毛虫等可用赤眼蜂防治;毛虫和桃小食心虫,均可用 Bt 菌制剂防治。还有一些草木、蔬菜或经济作物本身就是很好的有机农药,防治效果不错,值得大力推广(表 8-2)。

表 8-2　不同植物对防治病虫害的作用

植物名称	制作方法	防治对象
枫杨树	取枫杨树鲜叶捣烂,在杏园里按每 667 米^2 用 75～100 千克埋入地下	既可有效防治地老虎和蝼蛄等害虫,又可转化为有机肥料
番　柳	①取鲜叶捣烂,加水 3 倍浸 1 天或煮半小时,过滤后喷洒 ②取番柳叶 5 倍水浸出液喷洒	蚜虫、菜青虫和桃蛀螟虫

续表 8-2

植物名称	制作方法	防治对象
古柯蓝桉	叶片含有生物碱,有苦味,用叶熬水喷洒	可以杀死桃蛀螟幼虫
桑　树	①将桑叶加 5 倍水,煮成原液,以 1∶4 的比例加水喷洒,或以桑叶 10 倍水浸液喷洒 ②桑叶 15 倍水浸液	蚜虫和红蜘蛛
臭　椿	①以 1∶3 的叶、水比例浸出液,过滤后喷洒 ②用树皮、根晒干碾成粉,在有露水时撒施	蚜虫、舟形毛虫
桃树、柚树	取鲜叶加适量石灰捣烂,过滤取汁,然后加适量食盐水搅拌均匀后喷洒	蚜　虫
苦楝树	①取叶捣烂,以 1∶3 比例加水泡 6 小时,过滤成原液,加水 8 倍后喷洒 ②将鲜叶晒半天后切碎,按 1∶12 加水煮沸,50 分钟后过滤,再加 0.3%的肥皂液(或洗衣粉液)调成原液,使用时再加水 1 倍,稀释后喷洒 ③取树皮和果子各 0.5 千克,加水 6 升,煮成原液 1.5 千克,使用时每千克原液对水 15～30 升后喷洒	①对螟虫、飞虱、叶蝉、蚜虫等,防治效果良好 ②霉蛾幼虫

续表 8-2

植物名称	制作方法	防治对象
马尾松	①取松针 51 千克,加开水 5 升,密封浸 2 小时过滤后喷洒 ②用松针 30 倍水浸液喷洒	飞虱、叶蝉
侧　柏	①取侧柏叶捣烂,加等量水搓揉,榨出原液,再加水 2 倍喷洒 ②用侧柏叶 10 倍水浸液喷洒	桃蛀螟虫和蚜虫

目前,有些生物农药已经可以进行工厂化生产,这对包括杏树在内的果树病虫害的生物防治,是一个有利的条件。在果树病虫害突然暴发的情况下,可以购买使用,进行及时有效的防治。

(五)生态防治

生态防治害虫是指在农田环境中,创造出不利于害虫生存而有利于害虫天敌生长的环境,发挥天敌控制作用的方法。如利用陪植植物防治作物害虫,就是一种生态防治方法。陪植植物治虫,是指将能毒杀、驱除、引诱害虫或诱集、繁殖天敌的植物,种植在作物的四周、行间,以防治作物害虫。这在国内外均有研究和利用,有的称为间作治虫,有的称为害虫生态控制,有的称为补充寄主植物助长天敌等。

杏园中,有许多作物的害虫,都可以通过利用陪植植物加以控制(表 8-3)。如果再结合种源的选择和处理、农业防治、生物防治和物理防治等方法,就完全可以起到非农药化的持续的防治病虫害的作用。

表 8-3 不同陪植植物对害虫的规避作用

作用类型	陪植植物及其规避对象
毒杀害虫	日本丽金龟喜食有毒的七叶树和天竺葵的花而致死；大黑金龟子、黑皱金龟子等嗜好蓖麻叶，食后不久就麻痹，大多不能复活。如用蓖麻作花生的陪植植物，可有效地降低花生害虫的危害
引诱害虫	一些植物对害虫有诱集作用，利用这一特性将害虫诱集歼之
驱除(忌避)害虫	有些植物因含有挥发性油、生物碱和其他一些化学物质，害虫不但不敢食，而且远远避开。如香茅油可以驱除吸果夜蛾，除虫菊、烟草、薄荷和大蒜等对蚜虫都有较强的忌避作用。套种绿肥葫芦芭，可以减少蚜虫和卷叶蛾的迁入与繁殖
助长天敌	以蜜源诱集天敌，一是给天敌补充营养。特别是一些大型寄生性天敌，如姬蜂、小型寄生蜂，还有捕食性天敌如瓢螨类；在缺少捕食对象时，花粉、花蜜成为过渡性食物。大田边种植一些蜜源性植物，能够引诱天敌从远处飞来捕食，对害虫造成威胁。二是提高天敌的繁殖率。很多寄生蜂早期因找不到寄主而死亡，至害虫发生时，由于天敌基数少而不能充分发挥作用。为克服天敌和害虫发生时间上的脱节，利用陪植植物还可使天敌得到大量繁殖和补充，起到与害虫同步发展的“以益灭害”的作用

二、主要病害及其防治

(一)流胶病

流胶病，又叫树脂病。主要危害杏、桃、李与樱桃等核果类果树。流胶病是一种生理性病害。引起该病的原因很多。近几年发生日趋严重。据笔者在济南、泰安与聊城等地调查发现，杏树流胶病较为普遍，发病园轻者树势衰弱，造成减产，重者树死绝收。由于农业结构调整的不断深入，杏树在结构调整中新发展面积极大，杏树流胶病已成为影响杏果产量和商品质量的重要病害，困扰着广大杏树生产者。

【症状及发病规律】 流胶病发病初期，病部膨胀，随后陆续冒出透明柔软的树胶，与空气接触后，胶体经空气氧化变成褐色，成为晶莹柔软的胶块，最后变成茶褐色硬质胶块。流胶处常呈肿胀状，树皮裂缝，病部皮层及木质部逐步变褐、变黑、腐朽，再被腐生菌侵染和小蠹虫侵食，严重削弱树势。随流胶量的不断增加，树体病部被胶体环绕，变质腐朽，造成形成层、韧皮部坏死，使树体衰弱死亡。果实受害后，从果核流出胶体渗出果面，果肉发硬，有时龟裂，不堪食用。

流胶主要发生在杏树的主干和主枝的丫杈处；严重的在杏树主干近地 20～40 厘米范围发生流胶。4～10 月份均可发病，6～8 月份为流胶盛期。

【发病原因】 引起杏流胶病的原因较多，主要有三个方面：

①据研究发现，半知菌类，丛梗孢目，丛梗孢科的轮枝孢菌，黄萎轮枝孢菌，大丽花轮枝孢菌等数个种真菌类病原菌，对杏树流胶有致病性。该病原菌是杏树生理病变造成流胶后而侵入的腐生菌，又使流胶现象加重，其分生孢子通过风和雨水的传播，侵入伤口或流胶处。病原菌潜伏于被害枝条皮层组织及木质部，在死皮层中产生分生孢子，成为侵染来源。

②杏树在无病菌侵染时也形成少量的流胶，是生理性病害，在外因诱发乙烯大量合成剂，刺激产生过量细胞壁多糖，

导致大量流胶。

③物理伤害和栽培措施不当，均可诱发杏树流胶病，如雹伤、虫伤、冻伤、日光灼伤、机械创伤、高接换种和大枝更新等，常易引起流胶病；夏季修剪过重，施肥不当，土质黏重，土壤酸性过强，农药使用不当，造成药害，杏园排水不畅，浇水过多，拉枝绑绳解除不彻底等，均可诱发杏树流胶病。

【防治方法】

(1)农业防治 ①采果后及时深施基肥，基肥以优质农家土杂肥为主，与腐烂的农作物秸秆混合施入，同时撒入少量尿素。开挖施肥沟，破除土壤板结。雨涝时及时排水。养根壮树，增强树势，提高树体抗病能力，这是预防杏树流胶病的根本措施。②树盘覆草，增加土壤的有机质含量，改善土壤结构和通气状况，有利于根系活动。③树盘锄草，严防杂草丛生。④尽量减少树体损伤，及时解除拉枝绑绳，解绑要彻底。⑤控制氮肥施肥量，及时消灭蛀干害虫。⑥合理修剪。要加强夏季修剪，保持树体通风透光。冬季剪除病虫枝，并对较大伤口抹清油、铅油合剂等保护性药剂。对流胶严重树采用更新修剪法，重新培养树体。⑦提倡杏树起垄栽培，垄的标准以底宽80厘米、顶宽50厘米、高30厘米为宜。

(2)化学防治 ①从栽树后就注意对流胶病的专门防治。用生石灰10份＋石硫合剂2份＋食盐1份＋花生油0.3份加适量水，搅成糊状，对较大病斑刮除后涂药。防治流胶病要及时检查，随发展随涂抹随包扎，以防病斑扩大。②浇灌硫酸铜水溶液，在距主干周围1米处，挖30厘米深的坑施入，随即埋土。1个月1次，共浇3～4次。每株用100克硫酸铜和20升水。③在树体休眠期用胶体杀菌剂(1千克乳胶＋100克50％退菌特)涂抹病斑，杀灭病原菌。或刮除杏树上的病斑流胶以后，用5波美度石硫合剂进行伤口消毒，再用涂蜡或煤焦油等保护剂加以保护。

保护剂有以下几种，可根据需要选用。第一，牛粪石灰浆。用牛粪16份，熟石灰和草木灰各8份，细河沙1份，加水调制而成。呈糨糊状，用刷子把灰浆抹在伤口上。第二，豆油铜素剂。原料为豆油1千克，硫酸铜1千克，熟石灰1千克。先把硫酸铜和熟石灰研成细粉，把豆油倒入锅中，熬至沸热，再将硫酸铜和熟石灰粉放入油中，充分搅拌，冷却后即可使用。第三，保护蜡。原料为松香2.5千克，黄蜡1.5千克，动物油0.5千克。先把动物油放入锅中，加温火，再将松香和黄蜡放入，并不断搅拌至全部熔化。用毛刷蘸着药液涂抹锯口或伤口上。第四，波尔多浆。原料为硫酸铜0.5千克，生石灰1.5千克，水7.5升其中。其中以4升水配成石灰乳，3.5升水配硫酸铜液，将硫酸铜液注入石灰乳中，搅拌均匀，然后加入100克大豆浆作黏着剂。配好后即可使用，不宜久放。

（二）杏 疔 病

又名杏红肿病、杏叶枯病等，是北方杏产区的重要病害。

【症状及发病规律】 此病是一种真菌病害。主要危害新梢和叶片，有时也危害花和果实。病菌以子囊壳在病叶上越冬。春季借风雨传播从幼芽侵入。被害新梢生长缓慢，节间短粗，幼芽簇生。病梢初为暗红色，后变为黄绿色，常常枯死。病叶由黄色变成红黄色，叶片增厚呈革质，向下卷曲，最后变为黑褐色，质脆易碎；但成簇留在枝上，不易脱落。花和幼果被侵染后，花萼肥厚，开花受阻，花瓣、花萼都不易脱落。幼果生长停滞，干缩脱落或挂在枝上。

【防治方法】 ①消灭越冬病菌。结合修剪，彻底剪除树上的有病枝叶，并清除地面上的枯枝落叶，集中烧毁。②花芽萌动前，结合防治其他病虫，喷 5 波美度石硫合剂；展叶后再喷 0.3 波美度石硫合剂，或喷 1～2 次 1∶1.5∶200 波尔多液，效果良好。

（三）褐腐病

褐腐病，又称果腐病等。

【症状及发病规律】 此病为真菌病害。主要危害花、叶和枝梢。在多雨年份发生重。若食心虫、椿象与卷叶虫（这三种害虫均为传播源）严重，褐腐病则常流行成灾，引起大量烂果和落果，造成严重损失。病菌主要以僵果和病枝为传染源。春天，越过冬的僵果和病枝产生大量分生孢子，借风雨从伤口和皮孔侵入。

果实从幼果至成熟期均可发病，尤以近成熟时发病最重。病果最初产生褐色圆斑，斑下果肉变褐、软腐。若条件适宜，病斑在数天内即可扩至全果。病果腐烂后脱落，或失水干缩成褐色僵果，悬挂在树上经久不落。花和嫩叶受害后变褐，萎缩，菌丝可通过花柄、叶柄蔓延至新梢，形成溃疡。溃疡斑长圆形，边缘紫褐色，中部凹陷流胶，皮层腐烂，严重时病斑以上枝条枯死。

【防治方法】 ①消除病源，随时清理树上、树下的僵果和病果。结合冬剪剪除病枝，清除僵果并集中烧毁。②及时防治食心虫、椿象与卷叶虫等造成伤口的害虫，减少病菌侵染的机会。③进行药剂防治。发芽前喷 3～5 波美度石硫合剂一次，消灭树上越冬病菌。开花前和落花后 10 天各喷 70％甲基托布津或 50％退菌特 1 000 倍液一次，防治花腐和幼果感染。果实成熟前 1 个月左右，喷 0.3 波美度石硫合剂，或

65%代森锌可湿性粉剂500倍液一次。

(四)细菌性穿孔病

该病发生较普遍,严重时;易引起早期落叶,削弱树势,影响产量。

【症状及发病规律】 主要危害叶片,也能侵害枝梢和果实。此病是细菌病害。病菌在夏末秋初浸染的枝梢病斑上越冬。翌年春天,借风雨或昆虫传播,经叶片和果实气孔侵入。发病叶片初时出现不规则的水渍状小斑点,后逐渐扩大,变红褐色或褐色,最后病斑脱落而穿孔,病叶干枯早落。枝梢被害时,呈水渍状紫褐色斑点,后凹陷龟裂,外缘呈水渍状。果实发病后,初时发生水渍状淡褐色圆形小斑点,后扩大为近圆形或不规则形紫褐至黑褐色病斑,病斑稍凹陷,边缘常翘起。病害只发生在表皮组织,不影响果肉生长。

【防治方法】 ①加强杏园综合管理,增强树势,提高树体抗病力。注意排水防涝。结合修剪,剪除病枯枝,扫除落叶落果,并集中烧毁,以消灭越冬菌源。②进行药剂防治,在发芽前喷5度石硫合剂,展叶后的5～6月份,喷0.3波美度石硫合剂;或1∶4∶240硫酸锌石灰液;或35%代森锌400～500倍液,均有较好的防治效果。

(五)根腐病

【症状及发病规律】 根腐病主要发生在重茬苗圃地或杏树行间培育苗木地。发病期为5月上旬至8月中下旬。主要借雨水和土壤经须根侵入。发病初期,染病须根出现棕褐色圆形小斑,以后病斑扩展成片,并传染到主根和侧根上,开始腐烂。韧皮部变为褐色,木质部坏死。若发现地上部出现相应的病变时，病情已十分严重。地上部的表现有叶片焦边，枝条萎蔫，凋萎猝死等症状。

【防治方法】 ①严禁在重茬地上育苗和建园。②对病树灌根。病株若是大树，则在距主干50厘米处，挖深宽各30厘米的环状沟，沟内注入杀菌剂，然后将原土填回。若病树是幼树，则可在树根范围内，用铁棍打眼，深达根系分布层，在眼中注入杀菌剂。若是幼苗，可用喷雾器顺株喷药，重点在根颈部。常用药剂有200倍的硫酸铜溶液、200倍的代森锌溶液，大树用量为每株15～20千克，幼树用5～10千克。③在加强药剂防治的同时，应减少结果量，增施肥水；加强对地下部的管理，增强树势。

(六)疮痂病

该病又叫黑星病。全国杏产区均有发生。除杏外，该病还能侵害桃、李、樱桃等核果类杏树。

【症状及发病规律】 此病是真菌性病害。主要危害果实，也危害枝叶。病菌以菌丝在枝梢病部组织内越冬，翌春产生分生孢子，借风雨传播。果实被危害部位多在肩部。初期，病斑为暗绿色，为近圆形小点。后病斑逐渐扩至2～3毫米大小，严重时病斑连成片。果实近成熟时，病斑呈紫黑色或黑色。由于病斑仅限于表皮，故病部组织枯死后，果肉继续生长，因而病果常发生裂果而形成疮痂。枝条受害后，果实常干枯脱落。枝梢受害后，起初产生椭圆形浅褐色病斑，后病斑扩大，变为暗褐色，隆起，常发生流胶，最终枯死。叶片受害后，背面出现灰绿色病斑，以后变为褐色或紫红色，最后穿孔或脱落。

【防治方法】 ①加强杏园管理，结合冬剪清除病枝，集中烧毁，减少初侵染源。②进行药剂防治。落花后2～4周，喷布 0.3 波美度石硫合剂；或 75%甲基托布津 1 000 倍液；或 65%代森锌粉剂 500 倍液。

三、主要害虫及其防治

（一）杏球坚介壳虫

杏球坚介壳虫，又名树虱子。在各地杏产区均有发生。被害杏树树势衰弱，生长缓慢，产量下降。严重时造成枝干枯死。

【形态特征】 此虫属同翅目，介壳虫科。雌成虫半球形，初期壳质软，黄褐色，后期硬化变为紫褐色，常有两个纵裂或不规则的凹点，并且有极薄的蜡粉。虫体直径 3 毫米左右，密集排列在枝条上。雄成虫体长 1.3 毫米，翅展约 2 毫米，头胸部赤褐色，腹部淡黄褐色，半透明，尾部有针状交尾器。卵椭圆形，粉红色。若虫长椭圆形，扁平，背面浓褐色，有黄白色花纹。腹面淡绿色，触角、足完全，有尾毛两根。

【生活习性】 一年发生 1 代。以若虫在被害枝条上越冬。翌春 3 月中下旬至 4 月上旬开始活动为害，刺吸枝条汁液并分泌蜜状黏液。4 月中旬左右虫体膨大，分散开并固定一处吸食，体背分泌蜡质，雌雄体开始分化，雌虫体迅速膨胀，雄虫体外分泌蜡质层并在其中化蛹。在 4 月下旬至 5 月中旬，雄虫羽化，可与数头雌虫交尾，交尾后不久即死去。交尾后的雌虫虫体迅速膨大，5 月中旬左右产卵于介壳下，约1 000 粒。卵期 7 天。若虫孵出后，从母体臀部裂处钻出，到处爬行，分散到枝条、叶背上为害。至秋末，若虫集中在枝条阴面和裂隙中越冬。

【防治方法】 ①保护利用天敌。黑缘红瓢虫能捕食球坚介壳虫，为发挥它对杏球坚介壳虫的控制作用，要尽量少用广谱性杀虫剂，以免对该天敌造成伤真实害。另外，有条件的地方，也可放养黑缘红瓢虫等天敌。②刷除虫体。在成虫介壳已形成后、虫卵未孵化前，用毛刷、草把刷除雌虫，注意要刷到枝杈处。③介壳虫体介壳为蜡质，一般药剂不易进入体内，故防治时须选用渗透性强的油乳剂或强内吸剂。掌握在介壳虫初龄若虫期，或在杏树休眠期用药，才可收到良好的效果。④早春萌芽前喷施 5 波美度石硫合剂，或 5%的柴油乳剂。⑤在若虫孵化盛期，喷布 0.3～0.5 波美度石硫合剂；或速扑杀2 000倍液；或 10%的氯氢菊酯 1 000 倍液等，均可杀死若虫。

（二）杏 仁 蜂

杏仁蜂是杏产区的大害，尤以仁用杏受害最重。杏仁蜂以幼虫危害杏仁，引起大量落果，不仅造成减产，而且也使杏仁丧失经济价值。其危害程度与杏品种有关。一般甜杏比苦杏受害重。早熟品种比晚熟品种受害重。

【形态特征】 杏仁蜂属膜翅目，广肩小蜂科。雌成虫体长 7 毫米左右，翅展 10 毫米左右，头胸黑色，腹部及足棕色，胸部肥大，产卵器外露，前翅半透明，后翅透明。雄成虫较小。老熟幼虫体长 10 毫米左右，乳黄色，纺锤形，稍弯曲，头褐色，无足。裸蛹，长 6～8 毫米，乳白色，近羽化时为褐色。

【生活习性】 一年发生 1 代，以幼虫在被害果实核内越夏越冬。翌春，老熟幼虫化蛹，杏树谢花期开始羽化，当杏果长到豌豆大小时羽化为成虫，把杏核咬一个小圆孔钻出，交尾后产卵。一般一个果只产一粒卵。卵产在尚未硬化的杏核和杏仁之间，幼虫孵化后取食杏仁，造成落果。5 月中下旬大量落果，6 月上旬幼虫老熟，在核内越过夏、秋、冬三季，长达 10 个月。被害果脱落或在树上干缩。成虫一般以中午前后活动最旺盛。

【防治方法】 ①消灭越冬幼虫。彻底捡拾受害落果、虫核，摘除树上僵果，予以集中烧毁或深埋。②深翻树盘，将虫果翻入地下10～15厘米深处，使成虫不成出土。③进行药剂防治。在成虫羽化期，朝地面撒辛硫磷颗粒剂，每株0.2～0.5千克，或25%辛硫磷微胶囊30～50克，进行浅耙，使之与土混合，毒杀羽化出土的成虫；或在成虫羽化盛期喷50%辛硫磷乳油1 000～1 500倍液。每周一次，共喷两次。④应用水选法，淘汰漂浮于水面的带虫空杏核并销毁。

（三）蚜　虫

蚜虫，又叫蜜虫、腻虫。各地均有发生，危害包括杏树在内的各种果树。吸食树体汁液，严重影响树生长发育。

【形态特征】 蚜属同翅目，蚜虫科。成虫有无翅和有翅之分，同时也有胎生和卵生之分。胎生无翅蚜体长约2毫米，肥大成绿色或红褐色。胎生有翅蚜头胸部黑色，腹部暗绿色，翅透明，翅展6毫米，蜜管长。卵生无翅雌蚜与胎生者相似。若虫形态近似无翅胎生雌蚜，虫体较小。卵椭圆形，初期绿色，后变为黑色。

【生活习性】 一年发生10余代。以卵在枝杈、翘皮和芽鳞处越冬。3～4月份越冬卵开始孵化成若虫，若虫群集在幼芽、嫩叶处为害。待幼叶展开后，若虫和成虫转到叶背面为害，并迅速胎生繁殖。一般每隔10～15天繁殖1代。蚜虫在吸食汁液时，分泌出蜜状黏液，被害叶自叶背出现不同程度的卷曲，严重时卷缩成团，使新梢生长受阻或停滞。5月上旬后，产生有翅蚜进行飞行为害。9～10月份，有翅蚜飞到芽鳞或枝杈处产卵越冬。

【防治方法】 ①结合修剪，剪除有卵枝条，减少虫口密度，减轻来年的危害。②在蚜虫发生盛期初始，用2.5%鱼藤酮乳油750倍液喷雾防治。③在卷叶前喷蚜虱净1 000倍液；或洗衣粉800倍液(应先用开水化开洗衣粉)防治。

(四)象鼻虫

象鼻虫，又名杏象甲、杏象虫等。杏产区均有发生，为各产区之大害。主要危害幼果，常造成严重落果。

【形态特征】 杏象鼻虫属鞘翅目，象鼻虫科。成虫体长7～8毫米，紫红色，有金属光泽。鞘翅上有小刻点和褐色纵纹，口器细长管状，乳白色。老熟幼虫体长8毫米，头小淡褐色，腹部乳白色，弯曲，各节背面有横皱纹，无足。卵为椭圆形，长0.8～1毫米，乳白色。蛹长约6毫米，近椭圆形，初为乳白色，羽化前变为红褐色。

【生活习性】 一年发生1代。以成虫在土中越冬，也有的在树干粗皮裂缝内或杂草根际越冬。翌年杏树开花时，越冬成虫出土，到树上啃食幼芽、嫩叶和花蕾等。从5月份开始，在幼果内产卵，卵经7～8天孵化出幼虫，幼虫在被害果内蛀食果肉和果核，引起落果。老熟幼虫自落果内爬出，在7～10厘米深土层内作土茧化蛹，蛹期为30余天，秋末羽化为成虫越冬。

【防治方法】 ①捡拾落果，集中烧毁或深埋，以消灭幼虫。②捕杀成虫，利用其假死性，在清晨或傍晚振树，待其落地后予以捕杀。③在成虫发生期，喷布20%杀灭菊酯2 000～3 000倍液进行防治。

(五)金龟子

金龟子，又叫东方金龟子、黑绒金龟子等。各杏产区均有发生，食性杂且大，危害嫩叶和花蕾。突发性强，对新植幼树危害极大，往往1～2天内即可吃光杏树全部嫩叶，严重影响幼树生长发育。

【形态特征】 东方金龟子属鞘翅目，金龟子科。成虫体长7～8毫米，卵圆形，全身黑色，前胸背板和翅上密布刻点，现绒毛光泽。幼虫体长16毫米，乳白色。蛹为裸蛹，初期为黄白色，后期为黄褐色，长约8毫米。

【生活习性】 一年发生1代。以成虫或幼虫在土中越冬。翌春杏树萌芽时出土危害花蕾、膨大的芽体和嫩叶。前期因温度较低，活动力弱，昼出夜伏，白天出土为害，晚上入土潜伏；后期(4月上中旬)气温升高后，昼伏夜出，傍晚外出取食，白天钻入土中。成虫有假死性，受震动则坠地装死不动，顷刻又复苏，继续为害。越冬幼虫在4月中下旬化蛹，5～6月份羽化。成虫在6月上旬至7月中旬交配，产卵于土中。卵经数日孵化为幼虫。幼虫在8～9月间老熟化蛹。羽化后，新成虫不出土，即潜伏越冬。后期卵所孵幼虫，也在土中越冬。

【防治方法】 ①利用成虫的假死性，可在早、晚振树，将其震落，予以捕杀。②利用金龟子成虫有入土潜伏的特性，于日出后在树干周围刨寻成虫，予以捕杀，效果显著。③杏园养鸡，用鸡捕杀地下害虫和成虫。④进行药剂防治。一是在金龟子成虫出土期间，于树盘内撒施毒土。配制毒土的常用农药，有25％辛硫磷胶囊剂、25％对硫磷胶囊剂和50％辛硫磷乳剂等。每平方米用药量为5克左右。撒时掺土稀释成20～30倍毒土，撒后浅锄。相隔10～15天以后再撒一次。二是在金龟子成虫出土期间，对树上喷75％的辛硫磷1 000倍液，或10％超微湿粉3 000～5 000倍液，毒杀成虫。

（六）舟形毛虫

舟形毛虫，又名苹果天社蛾等。各地均有发生，除危害苹果、梨、山楂外，杏树上也表现较重。以幼虫取食叶片为害，幼龄幼虫群集叶片背面啃食叶肉，将叶片仅剩下上表皮和叶脉，使被害叶成网状，幼虫稍大则咬食全叶，仅留叶柄。

【形态特征】 舟形毛虫属鳞翅目，舟蛾科。成虫黄白色，体长22毫米，翅展约50毫米，前翅基部有一个、近外缘有六个大小不一的椭圆形斑纹，中间部分有四个淡黄色曲折的云状纹。老熟幼虫体长50毫米，头黑色，胴部紫黑色，腹面紫红色，体上有黄色长毛。静止时，头尾上翘似舟形。卵球形，直径约1毫米。初产出时淡绿色，近孵化时变为灰褐色。卵产于叶背。蛹暗红褐色，体长约23毫米，全体密布刻点，尾端有4个或6个臀棘。中间两个粗大，侧面两个不明显或消失。

【生活习性】 一年发生1代。以蛹在土中越冬。翌年6月中旬至8月中旬羽化为成虫。7月中下旬为羽化盛期。成虫有较强的趋光性和假死性。产卵于叶背，数十或数百粒排列成一块。幼虫孵化后群集于卵所在处的叶片背面，头向外，沿叶缘整齐排列，由叶缘向内取食叶肉。幼虫长大后分散为害，食量增大，整枝叶片被吃光，仅剩叶柄。幼虫受惊有吐丝下垂习性。早晚取食，白天不活动。9月份，老熟幼虫入土化蛹越冬。

【防治方法】 ①结合秋翻或刨树盘，消灭越冬蛹。②利用幼虫群居和受惊吐丝下垂的习性，进行人工捕杀，或及时剪除有虫枝、叶销毁。③卵期放赤眼蜂。④在老熟幼虫入土期，于地面撒白僵菌，撒后耙一下。经过这样处理后，一般不需用药剂防治。若发生严重，可用50%敌敌畏1000倍液喷杀。

(七)天幕毛虫

天幕毛虫,又名顶针虫、毛毛虫等。各地均有发生,食性颇杂。主要危害杏叶,可全部吃光被害树叶片,造成树势衰弱,产量降低。

【形态特征】 此虫属鳞翅目,枯叶蛾科。雌成虫体长 20 毫米,翅展 40 毫米,黄褐色。前翅中央有赤褐色横带一条。雄成虫较小,黄白色,翅展 30 毫米左右,前翅中部有两条深褐色横线,后翅有一条横线。卵灰白色,围绕在细枝上,呈环状排列,形似顶针。幼虫孵出时黑色。老熟幼虫体长 50～60 毫米,头灰蓝色,体背中央有黄白色带,体侧有橙黄色细纹两条。蛹黑褐色,长约 20 毫米,其上有短毛。茧为黄白丝茧,长椭圆形。

【生活习性】 一年发生 1 代。以孵化的幼虫在卵壳内越冬。翌春杏展叶时,幼虫钻出卵壳,食害嫩叶,并在小枝杈上结网,群居其中。白天潜于网中,夜间爬出取食。附近的叶片吃光后又到另处结网为害。幼虫接近老熟时,夜间分散危害,白天群集于树干或树杈处。食量极大,常吃光整树叶片。有受振动假死吐丝下垂习性。老熟幼虫多在叶背面和树干裂缝处结茧化蛹。蛹期 10～15 天,于 5～6 月份羽化为成虫,交尾后产卵于当年生枝端。幼虫在卵壳中发育,在茧中越冬。

【防治方法】 ①结合冬剪,摘除卵块,集中烧毁。此种措施若作得彻底,则效果显著。②利用其假死性,振动枝干,振落并消灭群集幼虫。③进行药剂防治。虫口密度大时,在幼虫期喷 25%的灭幼脲 2 000 倍液,或敌杀死 3 000 倍液,进行防治。

(八)红颈天牛

红颈天牛,又名红脖老牛、钻目虫等。主要危害杏树枝干，造成空洞，引起流胶，严重削弱树势。幼虫常在枝干的韧皮部和木质部之间蛀食为害。近老熟时，深入木质部并向上或向下蛀食到根颈部，造成枝干中空，输导组织被破坏。从外面看，树干基部有红褐色虫粪和蛀木的碎屑。

【形态特征】 此虫属鞘翅目，天牛科。成虫体长28毫米左右，黑色，有光泽，前胸、背部均为棕红色，所以称其为红颈天牛。雄成虫触角比身体长。雌成虫触角与虫体长相近，虫体比雄成虫大。卵为长椭圆形，乳白色，长3毫米左右。幼虫头小，褐色，胴部乳白色。老熟幼虫体长50毫米左右，足退化。蛹为淡黄白色，裸蛹，蛹长约35毫米。

【生活习性】 2～3年发生1代。以幼虫在所蛀树干的隧道内越冬。成虫在7月份前后出现，雨后最多，多在树干上栖息或交尾。交尾后雌虫产卵于距地面120厘米以内的主干和主枝的缝隙处或枝杈处。卵经10天左右，孵化成幼虫。幼虫先在皮层下蛀食，随虫体增大逐渐深入树干中心。第一代幼虫多以3龄越冬。翌年继续为害。6月份前后为害最重。秋后以5龄幼虫在蛀食的隧道内越冬。第三年，5～6月份，越冬老熟幼虫在隧道内化蛹，羽化为成虫。

【防治方法】 ①成虫产卵前，在距地面150厘米以内的树干和大枝上，涂刷涂白剂。涂白剂配方为：生石灰10份，硫黄1份，食盐0.2份，兽油0.2份，水40份。涂刷时，枝杈处应涂厚些，或用200倍的氧化乐果药液涂刷，以防止成虫产卵。②在6～7月份成虫出现时，利用其午间静息枝条的习性，将其振落捕捉，或用糖：酒：醋（1：0.5：1）混合液（加少量敌敌畏）诱杀成虫。③虫孔注药。发现树上有新鲜排粪孔，用泥土封住其余粪孔，在最新一个排粪孔处，用注射器注入500倍的敌敌畏，或600倍的氧化乐果溶液，注满为止。然后堵住排粪孔，以熏杀蛀孔幼虫。④掏幼虫。将钢丝钩深入排粪孔内，尽量达到底部，当发现钢丝转动由清脆变沉闷时，说明已钩住幼虫，轻轻拉出，而后用泥土封住虫孔。

（九）山楂红蜘蛛

山楂红蜘蛛，又叫红蜘蛛、火龙等。各地均有发生，主要危害叶片，使被害叶片焦枯、早落，严重影响树势，造成减产。

【形态特征】 此虫属蜱螨目，叶螨科。成虫有四对足。雌成虫体长 0.6 毫米，椭圆形，背前端隆起稍宽。体色冬型朱红色，有光泽；夏型暗红色，背两侧有黑色纹，足黄白色。雄成虫较小，约 0.4 毫米长，体色淡黄，尾端尖削。卵圆球形，极小，有光泽。幼虫乳白色，体圆形，足 3 对，取食后变为淡绿色。若螨有足 4 对，前期体背出现刚毛并开始吐丝，后期较大，从体型上可辨别雌雄。体型卵圆形，绿色。

【生活习性】 一年发生 6～9 代，以受精雌成虫在树皮的缝隙中、枝杈处及树干附近的土缝里过冬。花芽萌动时，出蛰危害花芽，展叶后移到叶背吸食汁液，吐丝结网。5 月下旬成虫进入产卵盛期，卵多产在叶背的叶脉两侧，10 天后孵化为幼虫。6 月中旬至 7 月上旬，为第一代雌成虫发生盛期，虫口密度最大，危害最严重。发生数量和代数随着气温的升高而迅速增加。虫体可随风雨传播。遇降温或狂风暴雨，则繁殖受到抑制。叶片枯黄，雌成虫进入越冬状态。

【防治方法】 ①早春发芽前，仔细刮除树干及大枝上的翘皮，并集中烧毁，以消灭越冬成虫。②翻耕树盘，消灭树干、杂草、落叶及土缝中的越冬雌成虫。③萌芽前，喷 3～5 波美度石硫合剂，消灭越冬成虫。④在越冬成虫出蛰期和第一代幼虫孵化期喷药。出蛰期喷 0.3～0.5 波美度石硫合剂，消灭成虫于产卵之前。幼虫孵化期喷 1.8%齐螨素乳油 5 000 倍液，持效期可达 30 天；或 73%的克螨特 2 000 倍～4 000 倍液，可兼杀卵、幼虫和成虫；或喷 0.6%海正灭虫灵 3 000 倍液，防治效果好，而且不伤害天敌；或单喷 800～1 000 倍洗衣粉液，也有防治效果。⑤用药剂涂干。在树干主枝和分枝下部，刮除老翘皮见白，其宽同干径。然后，将氧化乐果与机油按 1∶5 的比例，混合成乳剂，涂抹在刮皮处。在越冬成虫出蛰期和落花后以及发生盛期，各涂一次。由于药剂可被吸收到树上枝叶处，从而使山楂红蜘蛛吸食中毒而死。

四、草害防治

有害的高密度的杂草会形成草害。所以，对草害必须采取措施清除，但也不应全部清除。全部清除则减少了田间生物的多样性。杂草不会对作物造成经济威胁。低于经济阈值的杂草没有必要控制。

(一)常用防治方法

防治草害，可以采取人工除草和放牧的方法。在保证杏树安全和不产生污染与有毒物质残留的前提下，可以使用除草剂除草。采用除草剂除草时，一是要选用安全无毒无副作用的除草剂品种；二是要控制好使用浓度；三是要选择好使用时机。对于这些方面的问题，都要按除草剂的说明书，正确加以解决。

(二)使用生物源除草剂

选用生物源除草剂除草，是防治杏树草害的上策。生物源除草剂有资源丰富、毒性小、不破坏生态环境、残留少、选择性强、对杏树和哺乳动物安全和环境兼容性好等优点。其具体药剂品名及防治对象如下：

1. 生物源除草剂

生物源除草剂，是指在人们控制下，施用杀灭杂草的人工培养的大剂量生物制剂。它具有两个显著的特点：一是经过人工大批生产，可以获得大量的载物接种体；二是淹没应用，以达到迅速感染，并在较短的时间内杀灭杂草。

生物源除草剂按除草剂来源的不同，可分为植物源除草剂、动物源除草剂和微生物除草剂。目前，在生产上主要应用微生物除草剂（表 8-4）。

表 8-4　已商品化的微生物除草剂

名　称	防除对象
棕榈疫霉［*Phytophora palmivora* (Butl)Butl.］	莫伦藤（*Morrenia odorataLindl*）
致病菌株的厚垣孢子（DeVine）	
纵沟柄锈菌（Puccinitiacanaliculata）(Bioseoge)	油莎草
决明链格孢	决明、望江南、美丽猪屎豆
锦葵盘长孢状刺盘孢（*Biomal*）	圆叶锦葵、苘麻
银叶菌（*Biochon*）	野黑樱
鲁保 1 号	大豆菟丝子
双丙氨膦	扁桃、苹果、葡萄等果园内杂草
Colletotrichum truncatum	大　麻
Colletotrichum gloeosporioides f. sp. aeschynomene	卷茎蓼
Puccinia canaliculata	莎　草

续表 8-4

名　称	防除对象
Microsphaeropsis amaranthi	藜
Phoma proboscis	田旋花
Uromyces rumicis	皱叶酸根模、田蓟、矢车菊
Alternaria tenuissima	苘麻和青麻
Alternaria spp	南　芥
Colletotrichum gloeospeioides f. sp. maivae	锦　葵

2. 微生物除草剂

以微生物除草剂防除杂草，是指利用病原微生物使目标杂草感病致病的方法。包括传统的微生物防治与微生物除草剂应用两个方面。传统的微生物防治是利用已有的方法，不通过培养繁殖等现代生物技术，只在杂草上接种一种能自生自存和自然扩散的病原菌，不需要更多地处理。而微生物除草剂通过培养繁殖等现代生物技术获得大量的微生物源制剂，如喷洒化学除草剂那样使用后，全面杀死杂草。

总之，要利用杂草的特点和杂草与杏树的关系，再辅以人工、机械或生物的除草方法，把杂草控制在不影响杏树生长发育的范围内即可。

五、主要自然灾害霜冻的防御

（一）霜冻的发生条件

天气晴朗、无风和低温条件，容易出现辐射霜冻；丘陵、山地冷空气积聚谷地，尤其是“V”形谷地，易发生霜冻；冷空气易于集聚的地方（如杏树树冠下部），霜冻比较重；土壤干燥而疏松，容易出现霜冻，沙土比壤土、黏土霜冻多而重；杏树种植密度大和园地植被密度大，霜冻较重。

（二）霜冻的危害

霜冻对杏树生产影响很大，早春萌芽时遭受霜冻，嫩芽或嫩枝变褐色，鳞片松散而干于枝上。花蕾期和花期，由于雌蕊最不耐寒，轻霜冻时即将雌蕊和花托冻死，严重时花瓣受冻变枯脱落。幼果受冻轻时，果实中幼胚变褐，而果实仍保持绿色，萼端出现霜环，变成畸形果或逐渐脱落。受冻重时则全果变褐很快脱落。霜冻重的也会造成叶片和枝枯死。

（三）霜冻的预防

对于霜冻的危害，主要应在建园选点和种植品种选择上加以预防。另外，要注意延迟发芽，避开或减轻霜冻程度。对霜冻出现频率高的地区，或已预测到有霜冻的年份时，应在春季灌水降低土温和树温，使杏树延迟发芽，从而避开霜冻。春季树干涂白或树冠喷7%～10%石灰液，可以延迟开花3～5天。在修剪措施上，充分利用腋花芽（萌发迟）结果，冬季重剪配合夏季摘心，多培养副梢果枝。因二次或三次枝上的花芽形成的晚，第二年萌动和开放的也晚，也有利于避开霜冻。此外，还可采取以下方法防御霜冻的危害：

1. 加热法

加热防霜是现代防霜较先进而有效的方法。在杏园内每隔一定距离，放置一个加热器，在将发生霜冻前加温，在杏树周围形成一个暖气层，可改善杏园气流状况，防止霜冻。

2. 熏烟法

这是我国传统的杏园防霜方法。熏烟之所以能预防霜冻的危害，主要原因在于：一是点燃烟堆本身施放的热量，提高了杏园的温度；二是由于二氧化碳和水蒸气所形成的烟幕阻止了冷空气的下沉与流动，减少了地面热量的辐射，从而使杏园的气温不致下降到引起冻害的临界温度，即初花期的－3.9℃，盛花期的－2.2℃，幼果期的－0.6℃。熏烟堆通常是由作物秸秆、落叶和杂草等堆成。为了产生大量烟雾，熏烟时不宜有明火发生。故宜在熏烟堆上盖些潮湿的材料或压一薄层细土。熏烟堆应设置在杏园的上风头，每堆用柴草 25 千克左右，每 667 平方米设 6～10 堆为宜。堆体的大小应根据熏烟材料而定。实践证明，以落叶的熏烟效果最好，应在秋季就地收集落叶，以备熏烟之用。如无柴草落叶可用，也可将硝铵、柴油和锯末按 3∶1∶6 的重量比，混合制成烟雾剂。烟雾剂的堆间距为 30 米左右。具体情况视风力、风向而定。

为了及时有效地防霜，又不浪费燃料，烟堆布置和点火的时间，应以气象站的预报为依据。在接到霜冻预报后，应及时组织人力，准备烟堆，指派专人值班，观察天气变化。根据鄂尔多斯市乌审旗纳林河果园经验，当果园两米高处气温降到－1.5℃时，如在半个小时以内，温度仍继续下降，应立即点火；若在半个小时之内气温稳定在－2℃以上，则不必点火。试验表明，熏烟可提高果园气温 2℃以上，能有效地预防霜冻。霜冻多发生在凌晨 3～5 时，因此，后半夜的观测尤其重要。

3. 吹风法

在降温天气里，空气静止是发生霜冻的因子之一。借用电力方便条件，利用大型吹风机增强杏园空气流通，将冷气吹散，可以收到防霜的效果。

4. 灌 水 法

熏烟法对于辐射霜冻是比较有效的，但对于大风降温带来的寒潮侵袭，对于平流霜冻引起的冻害，效果则均不佳。其主要原因在于：大风不仅会吹走烟雾，而且还会加剧树体内水分的蒸发，使冻害程度加重。因此，当有大风降温预报时，以灌水防冻效果最好。灌水不仅可降低地面辐射，而且还可补充树体水分，增加空气湿度，提高露点温度，从而降低冻害程度。同时灌水也可以推迟花期 3～4 天，有利于避开霜冻。

5. 喷抑蒸保温剂

花蕾期和幼果期喷保温剂，可有效地防御大风和低温对杏花及幼果的伤害，提高坐果率 50%～60%。但不宜在盛花期喷布，以免影响授粉。保温剂的浓度以 1∶60 为宜，过稀效果较差；过浓有伤害作用。还有一些现代防霜措施，但都需要有一定的设备，而且需要消耗大量的能源和水源，如喷水、喷雾防霜装置，各种杏园增温器和吹风机等，在条件较好的地方可以试行。

6. 喷施延迟开花剂

在开花前喷浓度为 500～2 000 毫克/升的青鲜素水溶液，可推迟开花期 4～6 天；在花芽稍微露白时喷石灰乳，也可推迟花期 5～6 天。石灰乳的配方为：水 50∶生石灰 10 的重量比配制，同时加 100 克柴油。

六、植物生长调节剂标准化使用

(一)可使用的生长调节剂及其作用

(1)萘乙酸(NAA) 用萘乙酸 300 毫克/升溶液，快速浸蘸根系，可以提高杏树的成活率。

(2)赤霉素类(GA) 花后5～10天，用10～50毫克/升的溶液喷洒，可以提高杏树的坐果率。

(3)乙烯利 用500～1 000毫克/升的乙烯利溶液速蘸杏果后取出，可以使杏果提前1～3天成熟。但使用乙烯利后，果实更不耐贮藏。

(4)PBO 是一种新型果树生长调节剂。杏开花前7～10天喷100倍液，可使杏坐果率提高1～3倍。在果实膨大期喷300倍液，有增大果实的功效。

(5)多效唑(PP_{333}) 花前按树冠投影面积计算，15%的多效唑可湿性粉剂1克的水溶液施入土中，或5～6月份短枝形成以后，喷洒200倍液。15天后，根据新梢生长控制的情况，是否决定喷第二次，喷施用浓度为200～300倍。

(6)发枝素 用小竹签或小木棍，取绿豆粒大小的药膏，准确地涂在腋芽或隐芽上，并使之贴紧芽体。一般涂抹后5～7天芽体外观明显膨大，10～15天能萌芽抽新枝。

(二)使用植物生长调节剂的注意事项

(1)不要随便改变浓度 杏树对植物生长调节剂的浓度要求比较严格。使用浓度过大，会造成叶片增肥变脆，出现畸形，以至干枯脱落，甚至导致全株死亡；使用浓度过小，则达不到应有的效果。

(2)要适时使用 使用植物生长调节剂，要根据其种类、气候条件、药效持续时间和栽培需要，选择最佳使用时期，以免造成不必要的投入。

(3)不要随意混用 不要将几种植物生长调节剂混合或与其他农药、化肥混用，必须在充分了解混用农药之间的增强或拮抗作用的基础上，决定是否可行。

(4)不能以药代肥 植物生长调节剂不能代替肥水及其他农业措施，即使是促进型的调节剂，也必须以充足的肥水条件作保证，才能发挥作用。

七、无公害果品生产的农药使用

(一)国家明令禁止使用的农药

国家明令禁止使用以下农药：六六六(HCH)，滴滴涕(DDT)，毒杀芬(camphechlor)，二溴氯丙烷(dibromochloropane)，杀虫脒(chlordimeform)，二溴乙烷(EDB)，除草醚(nitrofen)，艾氏剂(aldrin)，狄氏剂(dieldrin)，汞制剂(Mercury-compounds)，砷(arsena)、铅(acetate)类，敌枯双，氟乙酰胺(fluoroacetamide)，甘氟(gliftor)，毒鼠强(tetramine)，氟乙酸钠(sodiumfluoroacetate)，毒鼠硅(silatrane)。

(二)不得使用的农药

生产中不得使用的农药是：甲胺磷(methamidophos)，甲基对硫磷(parathion-methyl)，对硫磷(parathion)，久效磷(monocrotophos)，磷胺(phosphamidon)，甲拌磷(phorate)，甲基异柳磷(isofenphosmethyl)，特丁硫磷(terbufos)，甲基硫环磷(phosfolanmethyl)，治螟磷(sulfotep)，内吸磷(demeton)，克百威(carbofuran)，涕灭威(aldicarb)，灭线磷(ethoprophos)，硫环磷(phosfolan)，蝇毒磷(coumaphos)，地虫硫磷(fonofos)，氯唑磷(isazofos)，苯线磷(fenamiphos)。任何农药产品都不得超出农药登记批准的使用范围使用。

（三）允许限制使用的农药

在生产中，允许限制使用的农药，其主要品种有乐斯本、抗蚜威、敌敌畏、杀螟硫磷、灭扫利、功夫、歼灭、杀灭菊酯、氰戊菊酯、高效氯氰菊酯和代森锰锌等。

（四）提倡使用的农药

在生产中，提倡使用的农药是：微生物源杀虫、杀菌剂，如 Bt 、白僵菌、阿维菌素、中生菌素、多氧霉素和农抗 120 等；植物源杀虫剂，如烟碱、苦参碱、印楝素、除虫菊、鱼藤、茴蒿素和松脂合剂等；昆虫生长调节剂，如灭幼脲、除虫脲、卡死克和扑虱灵等；矿物源杀虫、杀菌剂，如机油乳油、柴油乳油和腐必清等；以及由硫酸铜和硫黄分别配制的多种药剂等；低毒、低残留化学农药，如吡虫啉、马拉硫磷、辛硫磷、敌百虫、双甲脒、尼索朗、克螨特、螨死净、菌毒清、喷克、大生 M-45 、新星、甲基托布津、多菌灵、扑海因、粉锈宁、甲霜灵和百菌清等。

（五）常用生物农药

当前，无公害果品生产中的污染源应首先数农药。推广使用安全可靠、不污染环境和对人、畜不产生公害的农药是生产环节的重要选择。生物农药具有广谱、高效、安全、无抗药性产生和不杀害天敌等优点，能防治对传统产品已有抗药性的害虫，又不会有交叉抗药性：一般对人、畜及各种有益生物较安全，对非靶标生物的影响也比较小。所以生物农药是实现无公害农业生产技术变革的突破口。

1. 常用品种及使用方法

现在生产常用的生物农药及使用方法如下：

(1)1.5%多抗霉素可湿性粉剂 属抗生素类杀菌剂，具较好的内吸性。防治斑点病、轮纹病和炭疽病，可用 300～500 倍液，在花期至果实套袋前连喷两次。防治斑点落叶病，在落花后 7～10 天开始喷施，春梢期喷施两次，秋梢期喷一次；若能与波尔多液交替使用，效果更好。

(2)4%农抗 120 水剂 属广谱抗生素，对病害有预防和治疗作用。防治腐烂病，用 20 倍液涂抹刮除病斑后的病疤，治疗效果可达 80%以上。防治白粉病，在发病初期，用有效浓度 100 毫克/升药液进行喷雾，过 15～20 天再喷一次。如果病情严重，可缩短喷药时间的间隔期。

(3)B·T 杀虫剂 常用细菌农药，以胃毒作用为主，对鳞翅目害虫防治效果达到 80%～90%。防治桃小食心虫于卵果率达 1%时，喷施 B·T 可湿性粉剂 500～1 000 倍液。防治刺蛾、尺蠖和天幕毛虫等鳞翅目害虫，在低龄幼虫期喷洒 1 000 倍液。

(4)1.8%齐螨素乳油 属抗生素类杀螨杀虫剂，对害螨和害虫有触杀和胃毒作用，但不能杀卵。防治山楂叶螨和苹果红蜘蛛时，于落花后 7～10 天两种害螨集中发生期，喷洒 5 000倍液，持效期 30 天左右。对二斑叶螨、黄蚜和金纹细蛾也有较好的防效。

(5)25%灭幼脲悬浮剂 属生物化学类农药，以胃毒作用为主，兼触杀作用。持效期为 15～20 天。对鳞翅目害虫有特效，杀卵和幼虫，还能使成虫产生不育作用。生产上主要用于防治金纹细蛾，防治适期为成虫羽化盛期，使用浓度为 2 000 倍液。该药尤其是对那些已经对有机磷、拟除虫菊酯等类杀虫剂产生抗性的害虫，有良好防治效果。

(6)20%杀蛉脲悬浮剂 属昆虫生长抑制剂，与 25%灭幼脲相比，杀卵、虫效果更好，持效期长。防治金纹细蛾使用浓度为 8 000 倍液；防治桃小食心虫，在成虫产卵初期、幼虫蛀果前喷 6 000～8 000 倍液。

(7)杀蛉脲悬浮剂 属昆虫生长抑制剂，对鳞翅目害虫的卵、幼虫防治效果明显。防治金纹细蛾在其幼虫发生期使用 2 000 倍液；防治桃小食心虫，在成虫产卵盛期、幼虫蛀果前喷洒 1 000～1 500 倍液。

(8)鱼藤酮 属植物源杀虫剂，具触杀、胃毒、生长发育抑制和拒食作用。在蚜虫发生盛期初始，用 2.5%鱼藤酮乳油 750 倍液喷雾。施药后的安全间隔期为 3 天。

(9)25%杀虫双水剂 属于神经毒剂，具有较强触杀和胃毒作用，并兼有一定的熏蒸作用。防治山楂叶螨，在若螨和成螨盛发期喷洒 800 倍液。可兼治苹果全爪螨、梨星毛虫、卷叶蛾等。用杀虫双水剂喷雾时，可加入 0.1%的洗衣粉，能增加药液的展着性。

(10)50%力富农(百虫单)可湿性粉剂 该药杀虫谱广、杀虫力强，具有强烈的胃毒、触杀和内吸作用，兼有熏蒸和杀卵作用，对鳞翅目幼虫有特效。防治金纹细蛾，在幼虫孵化盛期或已有部分幼虫钻蛀入叶片内时，喷施力富农 1 000～1 500倍液。防治日本球坚蚧，于 5 月中下旬卵孵盛期(即发现介壳下有粉色卵粒后 5 日)，喷施力富农 1 000～1 500 倍液。配药时，在药液中加入 0.3%中性洗衣粉，增加其展着能力，提高杀虫效果。

2. 使用生物农药的注意事项

(1)使用时间 生物农药多为迟效型，所以施用时间应比使用化学农药防治提前数天。具体的提前时间，应以每种生物农药特性为准。

(2)空气湿度 生物农药随环境湿度的增加，效果也明显提高。所以，必须在有露水的时候，喷施生物农药（粉剂），才有理想的效果。

（3）光照强度 太阳光中紫外线对生物农药中的活性物质有着致命的杀伤作用。因此，生物农药一般要选择在上午10时以前、下午4时以后，或阴天等天气时喷施。

（4）环境温度 生物农药在喷施时，务必掌握气温在20℃以上，据试验，在温度25℃～30℃条件下，喷施后的生物农药效果要比10℃～15℃的杀虫效率高1～2倍。另外，还要注意，除明确注明允许种类外，尽量不要与其他药剂混用。贮存时，应放置于阴凉、黑暗处，避免高温或曝光。要远离火源。要随配随用，避免长时间放置。

（六）使用农药的准则

1. 要正确选用农药

不同农药品种具有不同的防治对象。选用农药时，应根据当地病虫害发生的具体情况，严格选择高效、低毒农药，为确保防治效果奠定基础。购买农药时，要到正规的药店，并注意所购农药要“三证”齐全（农药登记证、生产许可证、产品标准与合格证）。农药品种的出厂日期、有效期与厂址也应清楚等。

2. 要正确使用农药

（1）明确使用浓度 看清楚说明，按要求浓度进行配制。不能凭感觉或随意加药。

（2）明确使用时间 环境不同，使用浓度也有差异。高温时浓度可略低。否则，容易产生药害。有的农药有光效解性，必须在阴天或傍晚使用。要认真阅读说明书，严格按说明书使用。

（3）明白农药能否混用 仔细了解农药的成分，弄明白它是否可以和其他药品混用。有的需现配现用。现在有很多复配农药，含有多种成分，如果和同类药混用会增加浓度，产生药害，一定要防止这种现象的发生。

(4)抓住关键时期，细致喷药 每种病虫害的发生和发展，都有其规律性。要抓住关键时期，细致、周到、均匀地喷药，可以收到事半功倍的效果，千万不能盲目喷药。这样既浪费人力、物力，也污染环境，还不一定能起到治疗的作用。

(5)避免产生抗药性 一个杏园切忌长期使用一种或相近似的农药。这样，病虫害容易产生抗药性，出现毁灭性的大发生。应该交替使用或混合使用。

(6)保护环境，提高果实质量 按产品质量标准，使用低毒、高效、低残留的农药，注意人、畜安全。

(7)务必保证安全 配药人员要戴胶皮手套。配药地点要远离饮用水源、居民点，要有专人看管，严防农药丢失或被人、畜、家禽误食。喷药人员要穿防护服。在大风和中午高温时，要停止喷药。每天喷药时间不得超过 6 小时。孕期、哺乳期妇女和皮肤损伤者不得喷药。喷药结束后，要及时将喷雾器、药桶、药池及用具清洗干净。药品的包装物(瓶、袋、盒)应在最后一次配药时将药液(粉)全部洗出，即用清水彻底冲洗干净，倒在药桶中。包装材料一定要集中收集，采用深埋或交化工厂回收，切不可随意丢弃在杏园或者焚烧。

(8)要严格规章制度 仓库保管员要认真做好领取物品、退还药品等的详细记录；施用高毒农药的地方要树立标志牌。

第九章　杏果标准化采收、处理与贮藏

一、杏果采收

（一）采收期的确定

果实采收是杏园一年中最重要的农事活动，也是连接生产和消费的重要环节。它不仅直接影响着当年的产量和果实质量，同时也决定着生产经营的经济效益。因此，采收工作不单是采摘果子的技术问题，而是整个杏生产经营的重要步骤，是一项复杂而细致的工作。又由于杏果不耐贮运，所以，其采收问题就显得更为突出。一般在采收前1个月左右，就应进行估产，然后根据产量和采收任务的大小，拟定采收计划，合理组织劳力，准备必要的采收用具和材料。并搭设适当面积的采收棚，以便临时存放果实和进行分级与包装。

在果实发育过程中，其果实形状、大小、色泽、质地、风味及果实内含物等，均在不断地变化。杏果未成熟时，果实呈绿色，主要是叶绿素存在。果实又硬又酸，前者是由于内含非水溶性的原果胶较多，后者是因为含有机酸量较高，含糖量较低，此时糖主要以未分解的大分子化合物淀粉的形式存在。果实接近成熟时，叶绿素含量减少，果皮由绿变黄或变白；原果胶经果胶酶的作用转变为可溶性果胶，进而分解为果胶酸，果实变软；淀粉经糖化酶的作用转化为糖，有机酸逐渐氧化而消耗,含酸量降低,含糖量增加,果实变甜。

果实开始成熟的标志,是果皮由绿变白或变黄。果实各部位成熟的先后顺序,是由里向外,由果顶到果肩直至梗洼。据张加延报道,杏果的发育期一般为58～180天。根据其发育期长短,可将杏分为极早熟品种,果实发育期≤60天;早熟品种,果实发育期为61～70天;中熟品种,果实发育期为70～80天;晚熟品种,果实发育期为81～90天;极晚熟品种,果实发育期>90天,共分五级。由于不同品种、不同单株或同一单株上的果实发育不太一致,即成熟度较不整齐,故杏果实应分批及时采收。一般果皮底色变黄或变白,果实硬度(带皮)为18～20千克/平方厘米时,采收较为适宜。短途运输或产地销售的果实采收,以果实硬度为13～18千克/平方厘米时进行为宜。

采收期的早晚,对果实的产量、品质以及贮藏性,有很大的影响。采收过早,产量低,质量差;采收过晚,落果多,机械损伤重,不耐贮运。因此,合适的采收时间是获得杏果最高产量和最优品质的重要保证。采收时间的确定,一般取决于品种的成熟期,果实的消费方向(鲜食、加工、当地市场出售、运销外地或出口等)、天气条件和运输方法等。

一般而言,杏果达到采收成熟度时,即达到了品种所固有的大小和形状,果面由绿色转为黄色,向阳面呈现出品种所固有的色调和色相,果肉仍保持坚硬,但内含营养物质已达到了最佳程度,即可采收。运销外地和出口的杏果,适宜此时采收,以便有足够的时间进行包装和运输。当到达消费市场时,果实品质也达到了最佳状态。在当地市场销售的杏果,特别是鲜食品种,应等果实达到食用(消费)成熟度时再采收。这时,杏果已充分成熟,表现出该品种应有的香味,在化学成分和营养价值上也达到最高点，风味最好，外观最美。一般食用成熟度晚于采收成熟度 3～5 天。在运输条件良好和距离市场较近的情况下，应尽量在猕猴桃达到食用成熟度时才采收。因为此时杏果产量最高，品质最好，同时更受消费者欢迎。反之，则宜提前到采收成熟度时采收，以减少途中损失，提高经济效益。

用作果汁、果酱原料的杏果，适宜在食用成熟度时采收。用于制作"青梅"的杏，宜在接近采收成熟度，杏果绿色尚未退去时采收。用作加工杏话梅的果实，也可稍早采收。而用作糖水罐头和杏脯原料的果实，不宜采收过早或过晚，以在八成熟(绿色退净果肉尚硬)时采收为宜。此时既便于切分和煮制，也可保持杏果固有的风味。用作制杏干的果实，也不宜采收过晚，以免加大加工过程中的损耗。

总之，无论何种用途，均不宜采收过晚，以免因果实过度成熟，自然脱落，而造成损失。过熟的杏果，不易贮放和运输，因其已丧失果品的商品价值。

仁用杏应等果实达到生理成熟度时再采收，即果面变黄，肉质松软，果实淡而无味且自然裂口，但种子则达到了充分成熟的阶段。

采收日期确定后，在一天中何时采收，也至关重要。一般以露水干后开始采摘为宜。否则，果面沾有露水，不仅会弄脏果面，而且因湿度大而加速杏果的呼吸作用，既容易损失分量，也易造成腐烂。杏成熟期正遇高温季节，中午烈日当头，不宜采摘杏果。否则，过热的杏果集中在一起，会加剧呼吸作用，不仅损失重量，而且会将果实催熟，丧失贮运可能，果实品质也会迅速下降。一般而言，以晴天上午 9～12 时和下午 4 时以后采摘为宜。

(二)采收的方法

1. 人工采收

(1)鲜食杏、加工杏的采收方法 鲜食和加工制脯、制干用杏,就一株树而言,应仔细地自下而上、由外向内和依次分批分期采收。采收时,用手轻轻摘下,放入垫有衬纸的果箱,避免造成刺伤、碰伤或压伤,保持果面完好无损。果实一旦碰伤,微生物即会很快侵入,加快果实的呼吸作用,从而降低耐贮性。还要防止折断果枝,碰掉花芽和保护叶片。一株杏树采完后,将果箱置于树荫下,使之自行散热。等全部该原果实采完后,用车将杏果送到分级包装场。

(2)仁用杏的采收及取仁方法 仁用杏可在果实充分成熟后采下来,或摇枝震落或轻轻敲落下来。注意不可敲伤杏树和打落叶片。仁用杏的果肉薄而硬,味酸,不宜生食。先把采下的杏进行堆放,顺序堆放,上盖干草,使其果肉发酵腐烂,需 4～6 天时间。也可直接剥下杏肉,用来加工杏干。果实的果肉腐烂后,把它摊在场地上,用石磙碾压;也可摊在石碾盘上转碾;还可把腐烂的果实放在箱内直接用水冲,借以分离果肉与果核。分离后的果核,要用清水洗净,并及时晾晒,直到干透,摇之有声为止。取仁一般均以手工砸取。砸开的碎壳和仁肉,先用风车和簸箕扬去碎壳,再用手工捡出仁肉,并分等。将分等后的杏仁摊晾阴干,以便贮运,保质。一般每 100 千克果核可出仁 25～40 千克。

2. 机械采收

目前国外在杏果机械采收方面,应用的方法有两种方法。

(1)机械震动采收 加工用杏和仁用杏品种常采用此法采收。采果机是利用 40～60 马力的拖拉机带动一个夹住树干的夹持器，摇动树冠，使杏果落在一块与树冠大小一致的帆布篷上。夹持器夹在距地面 0.8 米高的树干处，可使冠径 6 米杏树上的果实脱落而不伤树体。

(2)使用台式机械 鲜食杏使用半自动化的台式采果机采收。台式采果机是在一辆机车上，装有多个工作台，工作台可通过液压系统控制其升降和加宽。工作台上可载几个工人同时进行采果作业。

总之，在一般情况下，杏果采收工作的效率，取决于杏树坐果率的高低、果实的大小、杏树的高矮和栽植密度，与树形也有密切的关系。在比较熟练的情况下，人工采收一人一天可采摘优质鲜果 200 千克左右；用机械采收，一人一天可收杏果 600～700 千克。

二、杏果处理

（一）分　级

分级的目的在于剔除畸形果、伤残果和病虫果，并按果个大小和色泽，将杏果分成若干等级，以便包装、运输和销售，提高市场竞争力，并获得较高的经济效益。按不同品种的单果重大小，可将杏果分为 1A 级、2A 级、3A 级和 4A 级四类。每个类型中，又分为 3 级，即特等、一等和二等果。1A 级单果重＜50 克；2A 级单果重为 50～79 克；3A 级单果重为 80～109 克；4A 级单果重≥110 克。特等和一等果，均应保持果面光洁，没有暗伤和伤疤。二等果的直径要求在 20～30 毫米之间，具有品种的外观特征，允许有轻微的暗伤和少许伤疤。病虫果、畸形果和严重伤残果，均不入级。一般多以人工分选为主，大型的专业杏园可设专门的选果机。

（二）预　冷

这是指将采后的杏果，尽快冷却到适宜贮运低温的措施。杏果采收后，特别是热天采收后，带有大量的田间热；加之采收对果实的刺激，使其采后呼吸作用很强，释放出大量的呼吸热。预冷的目的就在于使杏果在运输或贮藏前尽快冷凉。预冷可以降低果实的生理活性，减少营养损失和水分损失，并保持其硬度。预冷能延长果实贮藏寿命，改善贮后品质，减少贮藏病害和提高经济效益。

预冷的方法有多种，一般分为自然预冷和人工预冷。

1. 自然预冷

自然预冷，就是将杏果放在阴凉、通风的地方，使其自然冷却。例如，我国的北方和西北高原地区，用地沟、窑洞、棚窖和通风库贮藏杏果。在杏果采收后，把它放在阴冷处，夜间袒露，白天遮荫，使之自然冷却，然后入贮。这种方法简单，成本低，但降温慢，效果差。

2. 风　冷

这是使空气迅速流经果品周围，使之冷却。可以在低温贮藏库进行通风冷却。这样，预冷后可以不搬运，用原库贮藏即可。但该方式冷却速度较慢，短时间内不易冷却均匀。

3. 水　冷

水冷，是使果品接触流动的冷水，使之冷却。其方式有两种：用隧道形的水冷器或将果箱浸入水槽中进行冷却。

4. 真空预冷

进行真空预冷，是将果品放在真空预冷机的气密真空罐内降压，使果品表层水分在低压下汽化吸热，而使果品冷却。

三、包装与标志

（一）包装与标志的规定

根据《农产品包装和标识管理办法》的规定，农产品生产企业、农民专业合作经济组织以及从事农产品收购的单位或者个人，用于销售的下列农产品必须包装：

一是获得无公害农产品、绿色食品、有机农产品等认证的农产品，但鲜活畜、禽、水产品除外。

二是省级以上人民政府农业行政主管部门规定的其他需要包装销售的农产品。

按规定包装的农产品，拆包后直接向消费者销售的，可以不再另行包装。包装物或者标识上应当按照规定，标明产品的品名、产地、生产者、生产日期、保质期和产品质量等级等内容；使用添加剂的，还应当按照规定标明添加剂的名称。

（二）包装的要求

第一，农产品包装应当符合农产品贮藏、运输、销售及保障安全的要求，便于拆卸和搬运。

第二，包装农产品的材料和使用的保鲜剂、防腐剂与添加剂等物质必须符合国家强制性技术规范要求。

第三，包装农产品应当防止机械损伤和二次污染。

（三）杏果的包装

采摘下的杏果，应按品种在选果场进行分级与包装。较大的专业性杏园，选果场宜建在杏园中心，靠近主道，以便于运输。小的杏园可在地头临时搭篷帐，或直接在树下进行。选果场应准备磅秤、量果板和包装材料等。

良好的包装不仅可减少杏果在搬运过程中的损失，而且还有助于保持和增进其品质。鲜杏易软，不耐挤压，在包装上要求轻便、牢固，严禁过高堆压。包装容器不宜过大，在附近市场鲜销的，装量以 8～10 千克为宜。用于远销和出口的，装量以 5～6 千克为宜，最好使用带有瓦楞纸分割的硬壳纸箱，因其侧面配有通气孔，可以散热，又可以防挤压。特级和一级果在装箱时，每果宜用薄纸单独包裹，以确保其在运输中完好无损。有些地方也有用杂条筐、荆条筐和竹制小篓作包装容器，筐内皆用通气筒，以利于散热和保护果品质量。杏仁的包装容器以打孔硬性纸板箱、硬性食用塑料箱或木箱为宜。

国际上多采用板条箱，直接将已分级好的杏果运至市场销售。因杏果柔软多汁，果面极易碰伤，经不起多次倒换容器，故以分级后直接运到市场为宜。为便于销售和顾客购买，还常用特制的带孔的小塑料包装盒。每盒装 0.5～1 千克，每 10 盒装成一箱，再由汽车直接运到市场。这样可减少中间环节，既能减少损失，又能减轻污染，便利顾客。有些发达国家的杏果分级包装，是通过自动化生产线来完成的，其流程为：上果→人工初选→冷却与冲洗→刷擦→分级→包装和小包装。在包装的同时，计算机自动称重，并进行记录，给包装箱贴上打有品种、毛重、净重、出口国家和产地等内容的商标，由铲车送进大型冷藏汽车，运往国内外市场。

(四)果品的标识

1. 标识内容

根据《农产品包装和标识管理办法》的规定，生产企业、农民专业合作经济组织以及从事农产品收购的单位或者个人包装销售的农产品，应当在包装物上标注或者附加标识，标明品名、产地、生产者或者销售者名称和生产日期。

有分级标准或者使用添加剂的，还应当标明产品质量等级或者添加剂名称。

未包装的农产品，应当采取附加标签、标识牌、标识带和说明书等形式，标明农产品的品名、生产地、生产者或者销售者名称等内容。

农产品标识所用文字应当使用规范的中文。标识标注的内容应当准确、清晰、显著。

销售获得无公害农产品、绿色食品与有机农产品等质量标志使用权的农产品，应当标注相应标志和发证机构。禁止冒用无公害农产品、绿色食品与有机农产品等质量标志。

2. 标识防伪

全国统一的无公害农产品标志(以下简称标志)除采用激光防伪、荧光防伪、微缩文字防伪、单色及凹版印刷技术等传统静态防伪外，还应具有防过去伪数码查询功能的动态防伪技术。目前，标志防伪数码的查询功能已经开通，通过全国统一无公害农产品认证的企业所购买的标志，在标志的揭露层(即标志稳定粘贴在附着物上后，揭下标志面层，留下的底层)上，有 16 位防伪数码，通过输入此防伪数码查询，不但能辨别标志的真伪，而且能了解通过认证产品的生产厂家、产品名称、品牌及认证部门等相关信息。可以通过下面三种方式进行查询：全国统一电话 16840315 或 010－64450315 查询。手机短信息查询：将 16 位防伪数码写成短信内容，移动用户发送到 3315，联通用户发送到 93315，通过互联网查询。登陆 http//www.aqsc.gov.cn 的防伪查询栏目即可。

四、杏果运输

杏被认为是"没腿"的水果。成熟后柔软多汁，经受不住运输中的挤压碰撞，常给经营者带来一定的损失。为使损失降低到最小限度，除了选择合适的园址，在交通方便的地方建园之外，讲究运输的方法十分重要。由树下将杏果集中到选果场，包装多是临时性的，应尽量使用胶轮的手推车或拖拉机等，一车不宜装得太多，也不宜重叠装载。在选果场装箱时，也不宜装得过满，以装到距箱沿1～2厘米处为限，以免上下挤压。杏果应彼此紧贴，以免左右摇荡。

当前最理想的运输方式，是用冷藏车运输。每个冷藏箱装5000～6000千克杏果，在0℃～5℃低温条件下运输，经过3～5天也不致失重，仍然会保持杏果的新鲜品质。必要时也可使用航空运输，以满足特需之急。杏仁在运输过程中，要与有异味的物质相隔离。要防止苦杏仁与甜杏仁混淆。

采收、分级、包装和运输，是我国杏生产中的薄弱环节，每年因此损失巨大，严重影响了杏产业的进一步扩大与发展。应尽快摆脱传统的棒打采收、大筐装运和大小好坏一齐装的落后方式，提高生产的商品率水平和市场的竞争意识，创造杏产业更高更大的经济效益。

五、杏果贮藏

(一)杏果贮藏保鲜的意义

杏的成熟期较为集中。我国大部分杏产区，杏果成熟采收在 5 月下旬至 7 月下旬，市场供应期为 60～70 天。具体到一个地区，杏供应期仅有 30～40 天。如此集中的成熟期，不仅使鲜杏不能周年供应市场，而且使加工部门一时难以消化。充分成熟的杏果，在自然条件下只能存放 3～4 天。存放时间过长，会丧失鲜食和加工品质。若不能及时售出和加工，就会腐烂变质，使生产者和经营者遭受损失。因此，除了栽植不同成熟期的品种和适时采收外，设法在杏成熟时，将一时不能销售和加工的杏果，进行保鲜贮藏。对于延长杏果供应期，缓解加工厂的周期性紧张，减少损失，增加收益，具有重要意义。

（二）贮藏冷库的种类

目前，最有效的杏果贮藏保鲜技术是低温贮藏，即将杏果置于冷库中保存，低温可以降低杏果的呼吸强度，抑制微生物的活动，保持杏果新鲜状态。果品贮藏冷库主要有以下四种：

1. 简易贮藏库

简易贮藏库，包括贮藏窖和贮藏土窑洞两种。其特点是：结构简单，需用建筑材料少，费用较低，可因地制宜地建造。主要依靠自然条件进行温度调节，使用方面受到不同程度的限制。

2. 通风贮藏库

通风贮藏库，是在有一定隔热条件的建筑下，利用库内外温度的差异和昼夜温度的变化，以通风换气的方式，来保持库内比较稳定和适宜的贮藏温度的一种贮藏场所。其基本特点与窑窖相似。但是，它在建筑方面较窑窖提高了一步，具有较为完善的隔热建筑和较灵敏的通风设备，操作方便。但通风贮藏库仍是以自然温度调节库内温度。所以，在气温过高或过低的地区和季节，若不加其他辅助设施，还是难以维持理想的温度条件，尤其是库内湿度更不好解决。

3. 机械冷藏库

机械冷藏库，是在由钢筋混凝土构成的和有良好隔热效能的库房中，装置冷冻机械设备，根据不同种类果实的要求，通过机械的作用，控制库内的温度、湿度和通风换气。因此，可以不分冬夏季地周年贮藏果实。它的缺点是，无法调节库内的二氧化碳浓度和氧气浓度。

4. 气调贮藏库

气调贮藏库，是在果实贮藏所要求的适宜温度下，保持一个比正常大气有较多的二氧化碳和较少的氧气的空气环境，而显著地抑制呼吸作用和延缓变软、变黄、品质恶变以及其他衰老过程，从而延长果实的贮藏期限，获得较好的贮藏品质，减少消耗和腐烂，而且在离开贮藏库后仍然有较长的寿命。此种贮藏方法在世界发达国家，已得到广泛的应用。

（三）科学贮藏的操作

根据国内外经验，在机械冷藏库内，新鲜杏果可保存30～40天或以上；在气调贮藏库内可保存50天左右。尽管如此，各生产单位和经营部门，在杏果的贮存和销售中，还应以快进快销为宗旨，尽量做到及时投入市场，趁鲜销售，满足消费，减少损耗。

杏仁一般以当年货及时销售为好。贮藏一年以上后，色味都会比原来逊色。在简易贮藏库内保存杏仁，包装箱要垫高，力求高燥凉爽。不能将杏仁与有异味商品堆放在一起。梅雨或暑热季节，少量杏仁可与黄沙拌和，贮存在密封的容器内保质；大量杏仁，以贮藏在机械冷藏库内存放较为理想。

低温保鲜贮藏杏果，在鲜果入库前应放在阴凉的地方，通风、降温，或用冷气在预贮库内预冷。一般需预冷12～24小时，使杏果温度降至20℃以下。切不可由田间采收后立即送入冷库。经过预冷的杏果，要及时送入冷库。在入库后的前1～2天内，要使温度保持在14℃～16℃，空气相对湿度保持在85%左右。然后，再降温至－0.5℃～0.5℃之间，并使相对湿度稳定保持在85%～90%。在贮存期间，应进行2～3次检查，并及时处理变质杏果。从冷库中提取杏果时，应在前1～2天升温回暖，使之达到15℃～18℃（与外界保持6℃～8℃的温差）。否则，直接由低温状态下取出，杏果表面易形成果霜，会降低果品的质量。

第十章　杏果的安全优质标准

生产安全、优质、足量的杏果，是杏标准化生产的出发点，也是杏标准化生产的最终目的，更是推动杏生产不断发展的强劲动力。因此，应当把杏的安全、优质、足量标准，贯穿于每年杏生产的全过程，用来规划生产，指导生产，检验生产，使它真正落到实处。

生产出足量、安全、优质的杏果品，说明标准化杏生产获得了成功，是真正意义上的杏标准化生产，值得总结经验，继续坚持，进一步提高栽培效益。若不然，就应当吸取教训，改进和提高栽培技术，使杏标准化生产真正得以实现。

杏果的安全优良品质，包括诸多方面，主要是果实规格、感官指标、理化指标和卫生安全指标。这些指标的有机结合，即构成了杏果安全优良品质的整体。只有把握标准，执行标准，落实标准，才能使杏标准化生产获得良好的经济效益和社会效益。

一、果实规格

实行杏标准化生产，所生产出的杏果，应当符合一定的标准，达到一定的规格。从杏果的大小与重量而言，可以按不同品种的单果重大小分为 1A 级、2A 级、3A 级和 4A 级四类。每类型中又分三级(特等、一等、二等果)。1A 级单果重＜50 克；2A 级单果重 50～79 克；3A 级单果重 80～109 克；4A 级单果重≥110 克。采后用于鲜销和短距里运输的杏果，用纸箱包装时，每件净重 5～10 千克；用透明塑料盒时，每盒 4～8 个果；用塑料箱时，每件净重

5～15千克；用木箱装时，每件净重10～20千克。

二、感官指标

杏果外观等级规格，是指本品种商品成熟时应具有的色泽和大小，并且外表洁净(表10-1)。

表10-1 杏果的感官标准

等级		特等果	一等果	二等果
基本要求		果实基本发育成熟，完整、新鲜、洁净，无异味；不正常外来水分、刺伤、药害及病害。具有适于市场或贮存要求的成熟度		
色泽		具有本品种商品成熟时应有的色泽		
果形		端正	较端正	可有缺陷，但不可畸形
果面缺陷	磨伤	无	无	允许面积小于$0.5cm^2$轻微摩擦伤1处
	日灼	无	无	允许轻微日灼，面积不超过$0.4cm^2$
	雹伤	无	无	允许有轻微雹伤，面积不超过$0.2cm^2$
	碰压伤	无	无	允许面积小于$0.5cm^2$碰压伤1处
	裂果	无	无	允许有轻微裂果，面积小于$0.5cm^2$
	病斑	无	无	允许有轻微干缩病斑，面积小于$0.1cm^2$
	虫伤	无	无	允许干枯虫伤，面积不超过$0.1cm^2$

三、理化指标

杏果的理化指标共有可溶性固形物含量、总酸量和固酸比三个指标，具体规定如表10-2所示。

表 10-2 鲜杏品质理化指标

等级	特级			一级			二级		
品种 \ 指标项目	可溶性固形物百分比不低于	总酸量百分比不高于	固酸比不低于	可溶性固形物百分比不低于	总酸量百分比不高于	固酸比不低于	可溶性固形物百分比不低于	总酸量百分比不高于	固酸比不低于
骆驼黄	11.5	1.90	6.1∶1	10.0	1.95	5.1∶1	9.50	2.00	4.8∶1
锦西大红杏	11.0	1.45	7.6∶1	10.5	1.50	7.0∶1	10.0	1.55	6.5∶1
张公园	11.5	1.30	8.9∶1	11.0	1.50	7.3∶1	10.0	1.50	6.7∶1
红玉杏	13.5	2.20	6.4∶1	12.5	2.20	5.7∶1	10.5	2.20	4.8∶1
吨葫芦	12.5	1.30	9.6∶1	12.0	1.30	9.2∶1	11.5	1.35	8.5∶1
华县大接杏	12.5	0.90	13.9∶1	11.5	0.90	12.8∶1	11.0	0.95	11.6∶1
沙金红	12.5	1.15	10.9∶1	11.5	1.23	9.3∶1	10.5	1.30	8.1∶1
银香白	12.4	1.80	6.9∶1	11.4	1.90	6.0∶1	10.5	1.95	5.4∶1
大偏头	13.0	1.12	11.6∶1	12.0	1.30	9.2∶1	10.5	1.40	7.5∶1
串枝红	10.0	1.52	6.6∶1	10.0	1.60	6.3∶1	9.50	1.65	5.8∶1
阿克西米西	22.0	0.55	40.0∶1	20.0	0.60	33.3∶1	20.0	0.80	25.0∶1
李光杏	24.0	0.60	40.0∶1	22.0	0.7	31.5∶1	18.0	0.80	22.5∶1
崂山红杏	14.5	1.41	10.3∶1	13.5	1.41	9.6∶1	12.5	1.50	8.3∶1
杨继远	12.0	1.40	8.6∶1	11.1	1.50	7.4∶1	10.6	1.55	6.8∶1
金 杏	14.5	1.90	7.6∶1	12.5	1.90	6.6∶1	11.5	1.90	6.1∶1

续表 10-2

等级	特级			一级			二级		
指标项目 品种	可溶性固形物百分比不低于	总酸量百分比不高于	固酸比不低于	可溶性固形物百分比不低于	总酸量百分比不高于	固酸比不低于	可溶性固形物百分比不低于	总酸量百分比不高于	固酸比不低于
大红袍	14.0	1.50	9.3∶1	13.5	1.50	9.0∶1	13.0	1.60	8.1∶1
大白玉巴达	12.5	1.67	7.5∶1	12.0	1.70	7.1∶1	11.5	1.75	6.6∶1
青蜜沙	15.8	1.35	11.7∶1	15.0	1.35	11.1∶1	14.0	1.40	10.0∶1
油杏(湖南)	8.0	2.45	3.27∶1	8.0	2.50	3.2∶1	7.0	2.50	2.8∶1
仰韶黄杏	14.5	1.84	7.9∶1	13.5	1.85	7.3∶1	13.0	1.90	6.8∶1
红金榛	13.0	1.50	8.7∶1	12.0	1.50	8.0∶1	11.0	1.55	7.1∶1
金妈妈	12.5	1.32	9.5∶1	12.0	1.40	8.6∶1	11.0	1.50	6.8∶1
唐汪川大接杏	15.8	1.15	13.7∶1	14.5	1.20	12.1∶1	13.0	1.20	10.8∶1
兰州大接杏	14.5	1.12	12.9∶1	13.5	1.20	11.3∶1	12.0	1.25	9.6∶1
红荷包	13.0	1.83	7.1∶1	11.5	1.83	6.3∶1	10.0	1.85	5.4∶1
二转子	12.2	0.93	13.1∶1	11.5	0.90	12.8∶1	11.0	1.00	11.0∶1
凯特杏	13.5	1.95	6.9∶1	12.0	2.04	5.8∶1	10.0	2.2	4.5∶1
房山桃杏	13.5	2.00	6.8∶1	12.5	2.00	6.3∶1	11.0	2.05	5.3∶1

注：入库贮藏的果实理化指标参照 2 级果标准

此表引自中华人民共和国农业行业标准(NY/T 696—2003)《鲜杏》

四、卫生安全标准

无公害食品杏的卫生安全标准如表10-3所示。

表10-3 无公害食品杏的安全指标 (单位:mg/kg)

序号	项目	指标
1	铅(以Pb计)	≤0.2
2	镉(以Cd计)	≤0.03
3	总砷(以As计)	≤0.5
4	毒死蜱(chlorpyrifos)	≤1.0
5	氰戊菊酯(fenvalerate)	≤0.2
6	氯氰菊酯(cypermethrin)	≤2.0
7	三氟氯氰菊酯(cyhalothrin)	≤0.2
8	多菌灵(carbendazim)	≤0.5

五、认真执行标准,不断提高效益

在杏树及其果树的标准化生产中,许多生产单位及广大果农,认真学习生产标准,坚决执行生产标准,一丝不苟地落实生产标准,使果树标准化生产成绩斐然,硕果累累。以下单位就是其中的代表:

河南省三门峡市灵宝市的焦村镇,是灵宝市绿色果品标准化生产基地示范区,果品生产技术管理人才济济。在果品标准化生产中,采取"果—沼—牧"生态农业模式,使树势健壮；采取果园种草，生物治虫，使果品无公害；采取土窑洞、冷库贮藏，贮藏量达 7 000 万千克，能做到季产年销。该镇信达果业有限公司大力发展设施园艺，面积达到 10 公顷，有标准日光温室 120 座。按标准化生产，所产杏果符合无公害果品要求，效益逐步提高。

三门峡市渑池县西村乡的仰韶杏，现有杏树 25 万株，其中结果大树 3 750 株，年产仰韶杏 12.5 万千克。按照标准化要求进行杏树生产，所产鲜杏和加工制品均受到国内外市场的好评。三门峡市的湖滨区果品生产历史悠久，现有杏树标准化示范园 20 公顷，生产安全优质果 22.5 万千克。该示范园的收入是一般果园的 1～3 倍。

新疆库车县有 6 700 公顷杏园。其中建成有 1 400 公顷的白杏无公害生产基地。按照标准化生产的要求进行栽培管理，所产杏果使用的“库车白杏”地理标志证明商标，已获得国家工商总局正式批准。

事实表明，只要认真坚持标准化生产，坚决执行标准化生产，不折不扣地落实标准化生产，并在果树生产实践中发展和完善标准化生产，就能不断提高包括杏果在内的果品生产的经济效益、社会效益和生态效益；就能实现果品优质优价，使果业发展进入用品牌吸引消费、以消费引导生产与靠市场需求拉动果品供给的良性发展轨道；生产者和消费者就能获得更多优质、营养、环保和高效的果品。

参考文献

1　张加延等．中国果树志 杏卷．北京：中国林业出版社，2003

2　阎淑芝等．杏新优品种与配套栽培技术．北京：中国劳动保障出版社，2000

3　吕佩珂等．中国果树病虫原色图谱．北京：华夏出版社，1993

4　彭永宏等．现代果树科学理论与技术．广州：广州科学技术出版社，2002

5　季学明等．有机农业的生产与管理．上海：上海教育出版社，2002

6　黄显淦等．果树营养及土壤管理．北京：中国农业出版社，1992

7　曲泽洲等．果树生态．上海．上海科学技术出版社，1988

8　孙云蔚等．果园土壤管理．上海：上海科学技术出版社，1982

9　陈学森等．胚培早熟杏新品种——新世纪．园艺学报，2001，28(5)475

10　陈宝书等．退耕还草技术指南．北京：金盾出版社，2002

11　中华人民共和国农业行业标准．北京：中国标准出版社，2002

12　张加延等．李杏资源研究与利用进展．北京：中国林业出版社，2004

13　赵习平等．鲜食加工兼用新品种“冀光”．园艺学报，2002，29(2)189

14　于志希．试谈我国杏生产现状和对策．北方果树，2003，(5)24～26

15　邱栋梁．果品质量学概论．北京：化学工业出版社，2006

16　冯义彬等．优质果品李杏无公害丰产栽培．北京：科学技术出版社，2005

17　http//www. aqsc. gov. cn